SANFTE
FOHLEN
AUSBILDUNG

CAROLINE
SPERLING

SANFTE
FOHLEN
AUSBILDUNG

Schritt für Schritt zum
gelassenen Freizeitpartner

Copyright © 2015 by Crystal Verlag, Wentorf
Gestaltung und Satz: Crystal Design, Wentorf
Titelfoto: Christiane Slawik
Fotos im Innenteil: Claudia Rahlmeier, Christiane Slawik, Namay Dolphin, Alessandra Kreibaum
Lektorat: Alessandra Kreibaum
Druck: Westermann Druck Zwickau GmbH, Zwickau

Deutsche Nationalbibliothek – CIP-Einheitsaufnahme
Die Deutsche Nationalbibliothek verzeichnet diese Publikation in der Deutschen Nationalbibliografie; detaillierte bibliografische Daten sind im Internet über http://dnb.ddb.de abrufbar.

Printed in Germany

ISBN: 978-3-95847-003-3

INHALT

das EIGENE
FOHLEN

„Wenn du das Vertrauen
eines Pferdes gewonnen hast,
hast du einen Freund fürs Leben
gewonnen."

unbekannt

(Foto: Claudia Rahlmeier)

*W*ie alles im Leben hat auch ein Fohlenkauf seine Vor- und Nachteile. Meine Erfahrung hat Folgendes gezeigt: Wenn man sich in dieser Zeit ausgiebig mit seinem Jungpferd beschäftigt, kann eine sehr intensive Beziehung zwischen Mensch und Tier entstehen – eine weit intensivere als zu einem bereits ausgebildeten, älteren Pferd. Wer sich ein Fohlen kaufen möchte, dem sollte nur klar sein, dass es drei bis vier Jahre dauert, bis an das Anreiten zu denken ist. Das ist ein langer Zeitraum, in dem man viel Geduld, Zeit und Geld investiert. Aber man bekommt weit mehr zurück: eine lebenslange Freundschaft!

Im ersten Moment staksig und unbeholfen, galoppiert es nur kurze Zeit später an der Mutter vorbei und vollführt dann während eines Bremsmanövers eine Kehrtwendung. Im stolzen Trab zeigt es keck mit hocherhobenem Schweif der Welt: „Hey, hier bin ich!" und legt dann müde im Stroh eine kurze Pause ein: Wir können den Blick nur schwer abwenden. Ein Fohlen ist ein bewegendes Wesen, das in seiner Art und Weise viele Herzen erobert. Mitzuerleben, wie es groß wird, ist ein wunderschönes Erlebnis – der Traum vieler Pferdeliebhaber.

se Charakterzüge und Eigenschaften kann man so schon erahnen.

> „In jedermann ist etwas
> Kostbares, das in keinem anderen ist."
> *Martin Buber*

Wer sich für ein Fohlen entscheidet, braucht in erster Linie Geduld. Viele Handgriffe, die bei einem erwachsenen Pferd selbstverständlich sind, machen einem Fohlen Angst. Jemand, der ausschließlich Erfahrung mit erwachsenen Pferden hat, wird sich erst einmal umstellen müssen, weil es eine gewohnte Routine wie beim ausgebildeten Pferd noch nicht gibt. Diese muss man sich erst gemeinsam erarbeiten und das Tier langsam mit allem vertraut machen, was ihm in seinem Pferdeleben begegnen wird. Stellt man seinen Absetzer nicht einfach nur für drei Jahre auf die Jungpferdekoppel, sondern beschäftigt sich intensiv mit ihm, kann man von Anfang an eine enge Bindung aufbauen.

Kleines Überraschungspaket

Aber so wunderschön es ist, ein Fohlen großzuziehen – was am Ende dabei herauskommt, ist erst einmal unklar. Man sollte sich darüber bewusst sein, dass man nur Vermutungen anstellen kann, wie das ausgewachsene Pferd aussehen und sich bewegen wird. Auch wie es zu reiten sein wird, weiß keiner. Am hilfreichsten ist es, sich die Vater- und Mutterlinie anzusehen und eventuell die Halb- oder Vollgeschwister. Gewis-

Wichtige Entscheidungen selbst treffen

Viele junge Pferde, die schon angeritten sind, verhalten sich dem Menschen gegenüber skeptisch. Aus wirtschaftlichen Gründen haben sie drei Jahre auf der Fohlenkoppel verbracht, um danach plötzlich und innerhalb kürzester Zeit angeritten und für den Verkauf vorbereitet zu werden. Zeit ist dabei Geld und es interessiert nur die wenigsten, wie es dem Pferd ergeht.

Dieser Anblick berührt das Herz.

(Foto: Namay Dolphin)

Wenn man hingegen selbst ein Fohlen großzieht, kann man in Ruhe überlegen, wann der richtige Zeitpunkt für das Anreiten ist. Man sollte sich lieber die Zeit nehmen und mit dem Anreiten warten, bis das Pferd vier Jahre oder sogar älter ist. Hier sollte man individuell entscheiden – es gibt Frühentwickler und Spätstarter. Im Alter zwischen vier und fünf Jahren sind die Wachstumsfugen weitgehend geschlossen, der Sehnen- und Bandapparat ist in den meisten Fällen ausgereift und man kann langsam beginnen. Wenn man bedenkt, dass man seinen Freund im besten Fall 20 Jahre und länger hat, fällt das Warten leicht – und man handelt zum Wohl seines Pferdes.

Zu den wichtigen Entscheidungen gehören aber auch Punkte wie eine gesunde, artgerechte Fütterung und die medizinische Versorgung des Pferdes. Verglichen mit dem Kauf eines bereits ausgebildeten Pferdes ist es wesentlich teurer, ein Fohlen selbst großzuziehen und ausbilden zu lassen. Wenn man nur die monatlichen Einstellgebühren auf drei bis vier Jahre hochrechnet, kommt eine stolze Summe zusammen. Dazu addieren sich Tierarztkosten, Kosten für die Ausrüstung – vor allem für einen vernünftigen Sattel – und für das Anreiten und Ausbilden. Eine gute Ausbildung braucht seine Zeit und hat seinen Preis. Hier ist mit einem höheren vierstelligen Betrag zu rechnen. Allerdings kommen die Ausgaben Schritt für Schritt, sodass sich die Investition über die Jahre verteilt.

Der Apfel fällt nicht weit vom Stamm.

(Foto: Christiane Slawik)

die ARTGERECHTE
AUFZUCHT

„Wir sind verantwortlich
für das, was wir tun, aber auch
für das, was wir nicht tun."

Voltaire

*E*ine artgerechte Aufzucht ist entscheidend für eine gute physische und psychische Entwicklung eines Jungpferdes. Hier werden die Grundsteine für ein langes, gesundes Leben gelegt.

Die Haltung in der Gruppe

Eine pferdegerechte Haltung sollte so weit wie möglich auf die natürlichen Bedürfnisse des Tieres eingehen. Aus dem natürlichen Verhalten von Wildpferden kann man die Bedürfnisse unserer domestizierten Pferde ableiten: Um sich vor Raubtieren besser schützen zu können, leben Pferde in freier Wildbahn immer in Gruppen. Man unterscheidet grundsätzlich zwei wesentliche Gruppenformen: In den meisten Fällen lebt ein Hengst mit bis zu sechs adulten Stuten, deren Saugfohlen und subadulten Nachkömmlingen zusammen. Die zweite Art der Gruppierung sind sogenannte Junggesellengruppen. Erreichen die Junghengste mit

Leben im Familienverband schafft Sicherheit. (Foto: Christiane Slawik)

circa zwei Jahren die Geschlechtsreife, werden sie aus der Herde vertrieben oder sondern sich freiwillig ab. Sie gruppieren sich dann mit anderen Junghengsten, bis sie genügend Erfahrungen gesammelt haben, um sich selbst eine Jungstute zu „erkämpfen". Das Bedürfnis, von Artgenossen umgeben zu sein, ist auch für das Wohlbefinden unserer Hauspferde besonders wichtig.

Hier werden leider oft Fehler gemacht. Da man sehr an den Fohlen hängt und sehen möchte, wie sie groß werden, verbleiben sie immer häufiger nach dem Absetzen direkt im Reitstall, anstatt in einem gut geführten Fohlenaufzuchtbetrieb aufzuwachsen. Solche isoliert aufwachsenden Pferde – ohne gleichaltrige Spielgenossen oder eine Gruppe von anderen Pferden – bleiben oft ein Leben lang verhaltensauffällig. Kommen sie in ihrem späteren Leben doch einmal in eine Herde, gibt es häufig Probleme, weil sie die Sprache der Artgenossen nicht ausreichend gelernt haben. Daher sind diese Pferde oft sehr ängstlich und reagieren bei den kleinsten Auseinandersetzungen extrem: Entweder sie halten sich verängstigt von anderen Pferden fern oder beißen und schlagen heftig beim geringsten Anlass. Die Haltung in der Gruppe ist für ein solches Pferd nicht zu empfehlen, weil es dadurch unter ständigem Stress steht.

Fohlen sollten somit grundsätzlich im Gruppenverband großgezogen werden. Der Idealfall ist eine Aufzucht nach Alter und Geschlecht gemischt, was aber oft aus Gründen der Handhabe nicht möglich ist. Erfahrene, ältere Pferde sind für Fohlen wichtige Bezugspartner und Erziehungsberechtigte. Besonders gut eignen sich hierfür ältere Wallache, weil sie nicht nur erzieherische Maßnahmen ergreifen, sondern auch noch sehr

gern toben und spielen. Dieses Spielen ist sehr wichtig für das psychische Wohlbefinden eines jeden Fohlens. Sie trainieren dabei ihre Koordination und üben sich zugleich im Sozialverhalten. Hengstfohlen spielen, indem sie Wettrennen machen, sich gegenseitig zwicken oder ansteigen. Stutfohlen hingegen bevorzugen Laufspiele und soziale Pflege.

„Alles Lernen ist Spielen."
Platon

Mit viel Bewegung im Freien

Die natürlichen Lebensbedingungen der Vorfahren unserer Pferde liegen unter freiem Himmel. Für den Fall, dass eine Herde flüchten muss, können die Atemwege der Pferde Außergewöhnliches leisten – aber nur, wenn die Pferde immer an der frischen Luft sind und dabei ihre Atemwege trainiert werden. Für unsere domestizierten Hauspferde kann man daraus ableiten, dass auch sie zur Gesunderhaltung der Lunge Tageslicht und viel frische Luft brauchen.

Ein Wildpferd bewegt sich während der Futteraufnahme in freier Wildbahn circa 17 Stunden am Tag langsam schreitend vorwärts. Dadurch kommt es zu einer guten Durchblutung des Bewegungsapparats und der Organe. Muskeln, Sehnen und Bänder bleiben elastisch. Damit Fohlen und Jungpferde gesund heranwachsen und Folgeerkrankungen verhindert werden können, brauchen sie genügend Bewegungsmöglichkeiten – möglichst, wann immer sie wollen.

Bewegung ist wichtig und ein
kleines Wettrennen macht riesig Spaß.

(Foto: Claudia Rahlmeier)

Das Verdauungssystem des Pflanzenfressers Pferd ist in der Lage, Raufutter wie Heu, Stroh und Gras in verwertbare Einzelstoffe aufzuspalten und aufzunehmen. In freier Wildbahn sind Pferde etwa 17 bis 19 Stunden pro Tag mit der Futteraufnahme beschäftigt. Zwischendurch nehmen sie größere Mengen frisches Wasser auf. Futterpausen von über vier Stunden können auf längere Sicht körperliche Folgen haben.

Mit ausreichend Schlaf

Genügend Schlaf ist für Pferde genauso wichtig wie für uns Menschen. Gerade Fohlen brauchen wie Kleinkinder mehr Schlaf, um sich immer wieder zu erholen und Erlebtes zu verarbeiten. Es gibt beim Pferd drei verschiedene Arten zu schlafen: Eine davon ist das Schlafen im Stehen, was 80 Prozent des Schlafens bei adulten Pferden ausmacht. Sie können nicht nur dösen, sondern auch im Stehen in die REM-Phase kommen.

Eine weitere Ruheform ist das Liegen auf dem Bauch mit eingeklappten Beinen, der Kopf ist dabei erhoben. Dies wird man aber nur beobachten, wenn sich ein Pferd sicher und wohlfühlt. Das Pferd als Fluchttier ist immer gefährdet, wenn es sich zum Schlafen hinlegt. Daher wird man auch nicht alle Herdenmitglieder gleichzeitig liegen sehen. Ein paar wenige stehen immer und übernehmen die Wache.

So viele neue Eindrücke machen müde und müssen erst einmal verarbeitet werden. (Foto: Namay Dolphin)

Durch die Grünlandintensivierung in den vergangenen 20 bis 30 Jahren wurden viele Kräuter und Gräser zurückgedrängt.
(Foto: Christiane Slawik)

Vor allem Fohlen liegen häufiger auch ausgestreckt auf der Seite, Hals und Kopf am Boden. In dieser Phase kommt das Pferd immer wieder kurz in die REM-Phase, aber die Aufwachschwelle ist sehr niedrig, sodass es schnell aufspringen und flüchten kann. Erwachsene Pferde beobachtet man seltener in dieser Schlaflage.

Für eine artgerechte Haltung sollten wir unsere Haltungsbedingungen an die Bedürfnisse unserer Pferde anpassen. Dies bedeutet ein Leben in der Gruppe mit genügend Auslaufmöglichkeiten, frischer Luft und ausreichenden Schlafplätzen. Besonders wichtig ist die Gruppenhaltung für Fohlen und Jungpferde, da zwar alle sozialen Verhaltensweisen angeboren sind, das gegenseitige Verstehen der Sprache aber erlernt werden muss.

Die artgerechte Fütterung

Fohlen und Jungpferde sind noch im Wachstum. Daher ist es entscheidend, dass sie alle Stoffe bekommen, die sie für eine gesunde Entwicklung brauchen. Die Basis der Fütterung – ob für ein Fohlen, ein Jung- oder ein ausgewachsenes Pferd – ist das Raufutter. Grundsätzlich sollte man hier immer auf eine sehr gute Qualität achten, insbesondere bei Jungpferden. Füttert man ihnen ein schlechtes Raufutter, kann dies bereits früh zu Immunproblemen oder einer chronischen Bronchitis führen. Über den Sommer sollte ein Teil der Fütterung frisches, nicht zu proteinreiches Gras ausmachen.

Da unsere Weiden und Wiesen nicht mehr die Vielfalt an Gräsern und Kräutern haben wie früher, fehlt diese unseren Pferden auf der Koppel, aber auch im Heu oder der Heulage. Um dieses Defizit auszugleichen, brauchen sie ein qualitativ hochwertiges, vor allem natürliches Mineralfutter, damit der Körper mit allen notwendigen Mineralien, Vitaminen und Spurenelementen versorgt ist.

Von proteinlastigen Fohlenmineralstoffmischungen und hoch dosierten Zusatzfuttermitteln für Zuchtstuten und Fohlen rate ich ab. Durch ihren sehr hohen Proteingehalt und ihre hoch angesetzten Mineralstoff-, Vitamin- und Spurenelementgehalte werden die Pferde viel zu schnell viel zu groß. Irreparable Schäden können an den Knochen, Sehnen und Bändern entstehen, da diese nicht schneller wachsen, als von der Natur vorgesehen, und das Gewicht des überdimensional wachsenden Körpers dennoch tragen müssen. Die Folgen treten oft erst einige Jahre später zutage.

Auch Kraftfutter und Müslis braucht ein Fohlen oder Jungpferd nicht. Diese Futtermittel sind eine Erfindung der Futtermittelindustrie aus den letzten Jahrzehnten. Hier gilt: Weniger ist mehr! Bei einer artgerechten Fütterung sollte immer der Erhaltungsbedarf rein durch Raufutter – Heu, Stroh und Gras – abgedeckt werden, sodass die Jungpferde viel Zeit mit Fressen verbringen können.

Die medizinische Versorgung

Das Impfen

Die Impfung gilt als Schutzmaßnahme vor Infektionskrankheiten und deren Verbreitung. Damit ein ausreichender Schutz besteht, müssen Fohlen grundimmunisiert werden. Dies ist eine zweimalige Impfung im Abstand von vier bis sechs Wochen. Wenn möglich sollte immer nur eine Komponente und kein Kombiimpfstoff verwendet werden, weil so die Immunantwort intensiver ist und der Schutz besser gewährt ist.

Es gibt drei Impfungen, die in der Literatur im Fohlenalter genannt werden. Es sind die gegen

- Tetanus,
- Equine Influenza und
- Equine Herpesvirus-Infektionen.

Tetanus ist eine schwere Erkrankung, die bei Ausbruch zum Tod des Tiers führen kann. Sie wird hervorgerufen durch das Gift des Tetanusbakteriums, das zentralnervöse Störungen verursacht. 50 bis 80 Prozent der Tiere versterben trotz intensiver therapeutischer Behandlung.

Equine Influenza, auch als Pferdegrippe, Hoppegartener Husten oder Infektiöse Tracheobronchitis bezeichnet, ist eine schwere Atemwegserkrankung, aus der sich chronische Schäden entwickeln können.

Equine Herpesvirus-Infektionen lösen eine Entzündung der Atemwege aus und werden durch Tröpfcheninfektion übertragen. Oft haben die Tiere neben dem Husten eine Lungenentzündung, Fieber, Nasen- sowie Augenausfluss.

Empfohlen wird, im Alter von sechs Monaten erstmalig gegen Tetanus und Equine Influenza zu impfen, wobei der Termin vom Gesundheitszustand des Fohlens abhängig gemacht werden sollte. Ob Sie Ihr Pferd auch gegen Herpes impfen lassen und, wenn ja, wann der richtige Zeitpunkt dafür ist, besprechen Sie am besten mit Ihrem Tierarzt. Allerdings wird die Notwendigkeit einer Herpes-Impfung mittlerweile auch in medizinischen Fachkreisen diskutiert und ist umstritten.

Das selektive Entwurmen

Früher war die Empfehlung, Fohlen zwischen der vierten und sechsten Woche das erste Mal zu entwurmen, danach im Abstand von zwei bis drei Monaten. Für erwachsene Pferde galt die Regel: Entwurmen viermal pro Jahr mit wechselnden Wirkstoffen.

Aus zwei Hauptgründen kam es aber in der Vergangenheit mehr und mehr zu Resistenzen der Parasiten gegen Entwurmungsmedikamente: Zum einen wurden die Pferde zwar regelmäßig entwurmt, es wurden aber keine Kontrollen durchgeführt, ob die Wurmkur den gewünschten Erfolg erzielt hatte. Der zweite Grund war, dass teilweise sogar alle zwei Monate entwurmt wurde, ohne vorher die Notwendigkeit einer Wurmkur zu überprüfen.

Durch die vermehrt auftretenden Resistenzen gegenüber einzelnen antiparasitären Wirkstoffen denken einige Tierärzte um und beschreiten neue Wege: Die Methode der selektiven Entwurmung etabliert sich mehr und mehr. Bei diesem System wird der Kot vor und nach Gabe einer Wurmkur untersucht und die Ergebnisse werden schriftlich festgehalten. Die Eiausscheidungen eines einzelnen Pferde, aber auch die des gesamten

Die beste Prophylaxe ist eine gute Koppel- und Stallhygiene. (Foto: Namay Dolphin)

Hengste ziehen durch ihre Attraktivität alle Blicke auf sich. (Foto: Christiane Slawik)

TIPP

Tierarzt Dr. Marcus Menzel aus der Tierarztpraxis Thurmading ist der Vorreiter auf dem Gebiet der selektiven Entwurmung, in enger Zusammenarbeit mit dem Lehrstuhl für Vergleichende Tropenmedizin und Parasitologie, Tierärztliche Fakultät, Ludwig-Maximilians-Universität München.

Für weitere Informationen: www.selektive-entwurmung.com.

Bestands werden untersucht, erfasst und bewertet. Das Ziel ist, eine individuelle Behandlung zu finden mit dem Grundsatz: So wenig wie möglich, so viel wie nötig.

Gerade Fohlen und Jungpferde besitzen noch kein voll ausgereiftes Immunsystem. Dadurch sind sie anfälliger für Parasiten, die enorme Schäden anrichten können. Aus diesem Grund halte ich es für besonders wichtig, selektiv zu entwurmen, damit man einen Überblick hat und bei einem Befall rechtzeitig und wirksam behandeln kann. Ist das Jungpferd nur leicht befallen (unter dem Schwellenwert von 200 EpG [Ei pro Gramm]), kann man mit gutem Gewissen auf ein Entwurmen verzichten. Denn wenn auch Entwurmungsmedikamente langfristig nicht schädlich sind, belasten sie doch den Organismus.

Das Kastrieren

Die wenigsten Pferdebesitzer wollen mit ihrem Pferd züchten. Damit hengsttypisches Verhalten im Beisein von Stuten – wie Tänzeln an der Hand, Wenig-auf-den-Menschen-konzentriert-Sein, Schnauben, Aufwölben des Halses bis hin zum Besteigen – unterbunden wird und keine Nachkommen gezeugt werden können, lässt man Junghengste kastrieren. Bei der Kastration werden die beiden Hoden chirurgisch entfernt. Wallache sind meist wesentlich einfacher zu handhaben und können artgerechter in der Herde gehalten werden, was bei Hengsten oft aus organisatorischen Gründen nicht möglich ist. Es ist meist schwierig, Hengste in einer Herde mit Wallachen und anderen Hengsten zu halten, wenn Stuten in Sichtweite sind.

Doch wann ist der richtige Zeitpunkt, den Junghengst legen zu lassen? Einen genauen Zeitpunkt kann man nicht nennen. Es kommt auch auf die äußeren Umstände an. Lebt ein Junghengst in einer gemischten Herde zusammen mit Stuten, wird man ihn legen lassen müssen, sobald man merkt, dass er geschlechtsreif wird. Seine Geschlechtsreife erlangt er zwischen dem zwölften und zwanzigsten Lebensmonat. Das erkennt man, wenn er deutliches Interesse an Stuten zeigt und beginnt, sie zu besteigen. Soll das Pferd in dieser Herde bleiben, wird man um eine sofortige Kastration nicht herumkommen.

Wächst jedoch der Hengst in einer reinen Wallach- und Hengstherde auf, kann man den Zeitpunkt des Legenlassens selbst wählen. Das Testosteron, das mit Beginn der Geschlechtsreife produziert wird, ist verantwortlich für die Entwicklung eines männlichen Körperbaus, für eine imposante, hengsttypische Ausstrahlung und für ein dominantes Verhalten. In diesem Fall würde ich – solange der Junghengst vom Verhalten gut handhabbar und brav bleibt – warten, bis er zwei oder drei Jahre alt ist. Bis dahin hat sein Körper genügend Zeit, sich männlich auszubilden. Neben einer guten Bemuskelung haben Hengste meist sehr dichtes Schweif- und Mähnenhaar, was sie zu wunderschönen, ausdrucksstarken Tieren macht.

Bis sie circa drei Jahre alt sind, können viele Junghengste in der Box im Stehen kastriert werden. Bei älteren Tieren entscheidet man sich häufig für das Legenlassen im Liegen und unter Vollnarkose in einer Tierklinik. Ich empfehle, den Zeitpunkt und die Handhabe in Absprache mit Ihrem Tierarzt zu wählen.

Die Zahnpflege

Pferdezähne wachsen und benötigen genauso wie die Hufe eine regelmäßige Pflege. Bei Wildpferden ist dies nicht nötig, weil sie 17 Stunden am Tag damit beschäftigt sind, hartes Steppengras zu suchen und zu fressen. In vielen Pensionsställen bekommen unsere domestizierten Vierbeiner zwei- bis dreimal pro Tag Futter, das viel weniger strukturiert, aber energiereicher ist. Dafür ist das

TIPP

Bevor das Jungpferd das erste Mal aufgetrenst wird, sollten auf jeden Fall die Zähne kontrolliert werden, damit kein negatives Bild (Schmerzen) in Verbindung mit der Trense abgespeichert wird.

Gebiss unserer Pferde aber nicht geschaffen. Es kommt oft zu einer ungleichmäßigen und nicht ausreichenden Abnutzung der Zähne, die zu weitergehenden Problemen führen kann – zum Beispiel zu Verspannungen im Rücken, zu schlechter Verwertung des Futters bis hin zu Koliken. Daher ist eine regelmäßige Kontrolle und Pflege durch einen Fachmann sehr wichtig.

Vom Fohlenalter bis zum Zweieinhalbjährigen sollten die Zähne einmal pro Jahr kontrolliert werden. Fehlstellungen können so, wenn sie rechtzeitig erkannt werden, viel einfacher korrigiert werden. Haken und scharfe Kanten an den Backenzähnen entstehen durch eine unregelmäßige Abnutzung der Zähne und führen zu Verletzungen der Backenschleimhaut und der Zunge. Diese Verletzungen können auch schon im Fohlenalter auftreten. Im Alter von zweieinhalb bis vier Jahren sollte der Fachmann zweimal pro Jahr kommen, weil in dieser Zeit der Zahnwechsel stattfindet. Sich nicht von allein lösende Milchkappen müssen entfernt werden, da sonst die bleibenden Zähne nicht in der richtigen Stellung durchschieben können. Etwaige Haken und scharfe Kanten müssen dann erneut behandelt werden. Ab fünf Jahren, wenn der Zahnwechsel vollständig abgeschlossen ist, reicht eine Behandlung einmal jährlich.

Wolfszähne können bereits mit etwa einem Jahr vom Pferdedentisten oder Tierarzt erkannt beziehungsweise erfühlt werden. Diese haben meist eine kurze Wurzel und sind daher leicht herauszunehmen. Sie sollten frühzeitig entfernt werden, um Probleme beim Trensen vorzubeugen.

Die regelmäßige Hufpflege

„Ohne Huf – kein Pferd", so lautet ein alter Spruch aus dem Volksmund. Die Hufe sind das Fundament, sie tragen ein Pferdeleben lang ein enormes Gewicht. Daher sollte man auf die Gesunderhaltung der Hufe von klein auf großen Wert legen. Fehlstellungen – zum Beispiel ein Bockhuf, ein zu steiler Huf, bei dem die tiefe Beugesehne verkürzt ist – können meist im jungen Alter, wenn man sie erkennt, gut korrigiert werden. Ist ein Pferd erst einmal ausgewachsen, sind starke Fehlstellungen schwieriger zu beheben, weil der Huf sowie die Bänder und Sehnen, die eng mit der Hufstellung zusammenhängen, viel weniger Formbarkeit und Elastizität besitzen.

Über eine regelmäßige Hufbearbeitung hinaus spielen zwei weitere Punkte für eine gesunde Hufentwicklung eine wichtige Rolle: Zum einen sollten Fohlen und Jungpferde die Möglichkeit haben, über viele verschiedene Untergründe laufen zu können – beispielsweise Beton, Strohbett, Wiese, Sand, Schotter oder Erde. Wichtig ist, dass die Mehrzahl der Böden nicht zu weich ist. Steht ein Jungpferd ausschließlich auf weichem Untergrund, kann dies zu einer Hyperextension (Durchtrittigkeit) führen. Außerdem brauchen Sehnen und Bänder für ihr Wachstum Zugreize, also die Arbeit der Muskeln. Deshalb ist genügend Bewegung so wichtig. Boxenfohlen leiden häufiger unter erworbenen Fehlstellungen. Meine Erfahrung hat gezeigt, dass der Hufbearbeitung im Fohlenalter leider viel zu wenig Beachtung und Wichtigkeit beigemessen wird. Daher will ich an alle Fohlenbesitzer appellieren, dass sie frühzeitig das Hufegeben trainieren, regelmäßig die Hufe auskratzen, was auch eine Hufpflege darstellt, und dass sie von Anfang an regelmäßig die Hufe des Fohlens durch einen Fachmann kontrollieren lassen. Dies ist der entscheidende Beitrag für ein langes, gesundes Hufwachstum.

Eine anfängliche Fühligkeit nimmt ab, wenn Pferde regelmäßig über unterschiedlich harte Böden laufen müssen.

(Foto: Christiane Slawik)

das TRAINING
BEGINNT

„Lerne zu denken, zu kommunizieren,
zu spielen und zu handeln wie ein
Pferd – du wirst überrascht sein, wie
sehr sich dein Pferd für dich bemüht!“

Susanne Lohas

(Foto: Claudia Rahlmeier)

Jedes Fohlen, jedes Pferd hat seinen ganz eigenen Charakter. So gibt es in sich ruhende oder nervöse Pferde, solche mit viel Bewegungsdrang, dominante oder eher schüchterne Tiere. Die eine Methode oder Technik, die für jedes Pferd passt, gibt es nicht. Daher sollte jedes Training individuell auf das Jungpferd abgestimmt werden. Dieses Buch soll Ideen geben, soll als Unterstützer und Wegweiser dienen, kann aber nicht den Anspruch besitzen, einen Ausbilder zu ersetzen.

Der richtige Zeitpunkt

Umziehen in einen neuen Stall bedeutet Stress für jedes Pferd. Für einen Absetzer ist es oft besonders nervenaufreibend, weil er häufig im gleichen Zug auch noch von der Mutter getrennt wird. Das heißt: Weg von der Mutterstute, umziehen in einen fremden Stall und einleben in einer neuen Herde. Bis sich das Fohlen eingewöhnt und seinen Platz in der neuen Familie gefunden hat, sollte man die eigene Tätigkeit auf das „Einfach-nur-Dasein" beschränken. Nimmt man den Neuankömmling zu früh aus der Herde, zum Beispiel zum Putzen am Putzplatz, bedeutet das weiteren Stress und verlangsamt den Prozess des Sich-Einlebens.

Übrigens: Grundsätzlich beginnt das gemeinsame Training bereits, wenn uns das Pferd sieht, und nicht erst, wenn wir mit unserem Jungpferd in einem Round-Pen, auf einem Platz oder in einer Reithalle sind. Dies ist ein sehr entscheidender Punkt. Oft wird dem alltäglichen Umgang mit dem Pferd nicht so viel Bedeutung beigemessen. Doch gerade hier passieren immer wieder Dinge aus Unwissenheit heraus, die die Rangordnung kippen lassen.

Die Bedeutung der Körpersprache

Der nonverbale Anteil unserer zwischenmenschlichen Kommunikation liegt bei über 80 Prozent und spielt damit eine bedeutende Rolle. Auch das Kommunikationssystem von Pferden ist fast ausschließlich nonverbal. Wildpferde verzichten so gut wie ganz auf Lautäußerungen und können dennoch erfolgreich in der Nachbarschaft von Raubtieren überleben. Und auch wenn man unsere domestizierten Pferde untereinander beobachtet, erkennt man, dass Lautäußerungen wie Schnauben oder Wiehern zur gegenseitigen Verständigung kaum eine Rolle spielen. Die Kommunikation findet über feinste körperliche Signale statt. So reicht etwa schon ein Anlegen der Ohren, um eine wichtige Botschaft zu transportieren.

Auch in der Kommunikation zwischen Mensch und Pferd ist das In-den-Dialog-Treten ein wichtiger Bestandteil der Freundschaft. Nur so können wir Informationen und Bedürfnisse unseres Pferdes verstehen und auf sie eingehen. Es liegt bei uns, die Sprache der Pferde zu lernen, unsere eigene Körpersprache zu beobachten und bewusst einzusetzen.

Pferde sprechen immer mit ihrem ganzen Körper. Sie drücken sich sehr klar und direkt aus, sodass unter den Tieren nahezu keine Missverständnisse aufkommen. Einige dieser Gesten können Sie bestimmt bereits übersetzen, sofern Sie schon etwas länger mit Pferden zu tun haben.

Die Stellung der Ohren
Die Stellung der Ohren sagt sehr viel über die Befindlichkeit des Pferdes aus. Damit kann das Pferd fast jede Stimmung ausdrücken:

In einer Jungpferdeherde ist immer etwas los. (Foto: Claudia Rahlmeier)

Stellung der Ohren	Übersetzung
Flach nach hinten angelegte Ohren	Drohgebärde
Seitlich abgekippt, mit hängendem Kopf	Schlafen, Dösen, Müdigkeit, sich aufgegeben haben
Nach vorn gespitzte Ohren	Interesse, Neugierde, Aufmerksamkeit
Nach vorn gespitzte Ohren und nervös	angespannt, zur Flucht bereit
Ein Ohr seitlich nach hinten gekippt	Angst vor einem Objekt
Ohren beidseitig nach hinten gekippt	Konzentration auf den Reiter oder Angst vor etwas, das von hinten kommt

Hier kommt etwas Gefährliches von rechts:
weit aufgerissenes Auge, rechtes Ohr seitlich
abgestellt, angespannter Hals und
zusammengekniffenes Mäulchen.

(Foto: Christiane Slawik)

Die Mimik von Maul und Nüstern

Das Maul zählt zu den empfindlichsten Regionen des Pferdekörpers. Mit seinen geschickten Lippen kann ein Pferd zum Beispiel ungeliebte Anteile des Futters aussortieren.

Mimik von Maul und Nüstern	Übersetzung
In Falten gelegte Nüstern	Unwille, Unlust, Aggression
Hängende Unterlippe	Entspannung, Müdigkeit
Lecken und Kauen ohne Futter	Entspannung, Zufriedenheit
Fohlen beißen	Unterwürfigkeitsgeste
Gähnen	Entspannung, Müdigkeit, Konzentration lässt nach
Aufgeblähte Nüstern, Schnauben	Angst, Anspannung
Aufgeblähte Nüstern in Verbindung mit angespannter Körperhaltung	Nervosität, starke Atemnot
Abschnauben in Verbindung mit lockerem, fallen gelassenem Hals	Entspannung, Losgelassenheit
Knirschen mit den Zähnen	Aggression, Drohgebärde, unter dem Reiter: Schmerzen, Überforderung, Unwille

Die Geste der Unterwürfigkeit: „Tu mir nichts!" (Foto: Christiane Slawik)

Die Augen
Sie sind der Spiegel der Seele und bieten einen
tiefen Einblick in die Gefühlswelt des Pferdes.

Ausdruck der Augen	Übersetzung
Halb geschlossene Augen	Dösen, Müdigkeit
Falten über den Augen	Unzufriedenheit, Trauer
Ein geschlossenes Auge	Verletzung oder Entzündung
Weit geöffnete Augen	Panik, Unruhe, Angst

Panik pur! (Foto: Christiane Slawik)

„Hey Mädels, aufgepasst, hier komme ich!" (Foto: Christiane Slawik)

Das Schweifspiel

Der Schweif dient einerseits als praktische Hilfe gegen Insekten, andererseits kann man einige Informationen aus seiner Haltung ableiten.

Haltung des Schweifs	Übersetzung
Aufstellen des Schweifs	Imponiergehabe: Schaut her, hier komme ich!
Locker pendelnder Schweif	Losgelassenheit, rhythmisches Zusammenspiel mit dem Reiter
Hängender Schweif	Schlafen, Dösen, Müdigkeit, Entspannung, Sich-aufgegeben-Haben
Eingeklemmter Schweif	Angst, Anspannung, Schmerz
Schlagender Schweif	Abwehr von Ungeziefer, Unmut, Aggression, Überforderung

Die Haltung von Kopf und Hals

Daran, wie das Pferd Kopf und Hals trägt, kann
man ablesen, wie es sich fühlt.

Haltung von Kopf und Hals	Übersetzung
Kopfschlagen, auf und ab	Unwille, Überforderung, Aggression, Schmerz
Angelegte Ohren, tiefer Kopf, ausgestreckter Hals	Vorwärtstreiben des Hengstes, Drohgebärde
Aufgewölbter Hals, Nase an der Senkrechten, aufgestellter Schweif	Imponiergehabe
Fallen gelassener, tiefer Hals	Entspannung

Hier verteidigt die Stute ihr Fohlen. (Foto: Christiane Slawik)

Die aufrechte Körperhaltung signalisiert: „Komm mir jetzt nicht näher!" (Foto: Claudia Rahlmeier)

Unsere Körpersprache

Wenn wir nun mit unserem Pferd in einen Dialog treten wollen, müssen wir zum einen seine Sprache verstehen lernen, und zum anderen ist es wichtig zu realisieren, dass auch das Pferd unsere Körpersprache liest. Oft kommt es an dieser Stelle zu Missverständnissen zwischen Besitzer und Pferd, weil wir mit unserem Körper unbewusst etwas ausdrücken.

Um dies zu verdeutlichen, möchte ich hier kurz ein Erlebnis schildern: Eine Pferdebesitzerin hatte mich angerufen und um Hilfe gebeten. Ihr Pferd lief immer vor ihr weg, wenn sie kam, um es von der Koppel zu holen. Manchmal folgte sie ihrer Stute über eine Stunde, bis diese endlich stehen blieb und sich aufhalftern ließ. Als

ich mir ein eigenes Bild machte – dazu beobachtete ich die Situation –, war mir schnell klar, dass ein Auslöser unter anderen die unbewusste, falsch eingesetzte Körpersprache der Besitzerin war. Immer, wenn sie sich dem Pferd näherte, trat sie von hinten in einer sehr aufrechten, energischen Art an ihre Stute heran – ähnlich dem Leithengst, wenn er die Nachzügler seiner Herde vorwärtstreibt. Ich machte ihr die Wirkung ihrer Körpersprache bewusst und zeigte ihr, wie sie sich mit weichen, runden Bewegungen ihrem Pferd annähern sollte. Die Veränderungen waren für alle sofort zu sehen und es gab keine Probleme mehr, die Stute von der Koppel zu holen. Diese Geschichte hat mir wieder einmal gezeigt: Pferde reagieren auf die kleinsten körperlichen

Signale und sind sehr sensible Wesen. Daher können hier Nuancen schon vieles verändern.

Eine klare und präzise Körpersprache ist sehr wichtig, damit es nicht zu Missverständnissen kommt. Um sich seiner eigenen Körpersprache bewusst zu werden, ist es hilfreich, sich selbst einmal auf Video zu sehen. Das kann eine große Hilfe sein und oft schon einiges zum Positiven hin verändern. Alternativ können Sie eine befreundete Stallkollegin fragen, ob und was ihr an Ihrer Körpersprache auffällt. Das Erkennen ist der erste Schritt. Nur dann kann man bewusst etwas verändern. Probieren Sie es aus, Sie werden schnell die Wirkung und Veränderung erleben.

Vertrauen gewinnen

Pferde sind intelligente Tiere, sonst hätten sie nicht viele Millionen Jahre in freier Wildbahn überlebt. Aber auch heute noch sind vor allem Sicherheit und Fortpflanzung von großer Bedeutung für unsere Pferde.

Die Basis einer jeden Freundschaft oder Partnerschaft ist Vertrauen. Das gilt auch für die Pferd-Mensch-Beziehung: Um das volle Vertrauen seines Pferdes zu gewinnen, muss man die Rolle des Leittiers in der kleinen Zweierherde übernehmen. Nur wenn wir es schaffen,

„Von Pferden, vor allem von Leitstuten, können wir Menschen lernen, dass Führen in erster Linie Dienen bedeutet."
Susanne E. Schwaiger

Die Leitstute lenkt die Herde.
(Foto: Christiane Slawik)

diese Rolle auszufüllen, kann sich unser Pferd neben uns entspannen und fallen lassen.

In einer Wildpferdeherde gibt es immer zwei Leittiere, die für die Sicherheit in ihrem Herdenverband sorgen – Leitstute und Leithengst. Beide haben unterschiedliche Aufgaben: Die Leitstute hat die oberste Führungsinstanz inne. Sie führt die Herde souverän und selbstbewusst an, sie ist erfahren, kennt Weideplätze und Trinkstellen. Dabei genießt sie das uneingeschränkte Vertrauen der Herde. Die Aufgabe des Leithengstes ist es, die Herde zusammenzuhalten. Dazu treibt er Nachzügler voran und beschützt außerdem die Gruppe gegen Feinde oder Rivalen von außen – und er sorgt für Nachkommen. Er ist mutig, selbstbewusst, strotzt vor Kraft und hat etwas sehr Imposantes.

Vor den beiden Leittieren hat die gesamte Herde großen Respekt. Sie brauchen nur kleinste nonverbale Signale auszusenden, und alle anderen Gruppenmitglieder befolgen deren Anweisungen umgehend, ohne sie zu hinterfragen. Daher verlange auch ich von meinen Pferden eine sofortige Reaktion, wenn ich etwas von ihnen möchte. Folgt keine Reaktion, gebe ich das Signal direkt noch einmal, aber mit wesentlich mehr Nachdruck und Klarheit, was meine Körpersprache anbelangt. Auf diese Art und Weise bringt mir mein Pferd Respekt entgegen – es weiß, dass ich das, was ich sage, auch so meine, und reagiert auf feinste Hilfen und Zeichen.

Konsequentes Handeln ist vor allem, wenn es um das Thema Vertrauen geht, sehr wichtig. So sollten die Regeln immer gleich sein, damit sich Ihr Pferd auf Sie einstellen, Ihnen vertrauen kann. Es weiß dann genau, dass beim Überschreiten einer Grenze eine negative Konsequenz folgen wird. Das Pferd wird diese Maßregelung als faire Handlung akzeptieren. Oft beobachte ich jedoch, wie Besitzern nach einer gewissen Zeit die Kraft ausgeht und sie nicht konsequent durchhalten. Oder es läuft gut und sie werden zu locker. Doch gerade junge Pferde testen sich nicht nur untereinander aus. Auch bei uns Menschen prüfen sie immer wieder, ob wir wirklich vertrauenswürdig sind und die Qualifikationen für ein Leittier besitzen. Daher ist konsequentes Handeln das A und O!

Die richtigen Trainingsbedingungen

Eine enorm wichtige Voraussetzung für den Lernerfolg eines Fohlens, aber auch eines älteren Pferdes ist ein niedriger Adrenalinspiegel. Am leichtesten macht man es sich und seinem Pferd, wenn man in einer ruhigen, ausgeglichenen Verfassung übt.

Adrenalin wird über die Nebennierenrinde ausgeschüttet und erhöht den Herzschlag. Angst und Stress lassen den Adrenalinspiegel steigen, der Puls beschleunigt sich und die Muskeln werden vermehrt mit Sauerstoff versorgt. Dies dient dem Pferd dazu, sich auf eine Flucht vorzubereiten. Eine solche angstgeladene Stimmung überträgt sich unter Pferden sofort, damit alle Herdenmitglieder bereit sind, gemeinsam zu flüchten. Das gilt auch für die Zweierherde Mensch und Pferd: Es ist daher sehr hilfreich, wenn man in stressigen Situationen auf die eigene Atmung achtet. Man sollte ruhig und langsam in den Bauch hineinatmen. Dann merkt das Pferd sofort, dass es keinen Anlass gibt, sich zu ängstigen.

Wenn man also möchte, dass das Pferd schnell lernt und Spaß an der Arbeit hat, sollte man einen Rahmen schaffen, in dem sich das

Über ein ehrlich gemeintes Lob freuen sich auch unsere Pferde. (Foto: Christiane Slawik)

Pferd möglichst wohlfühlt. Ein entspanntes Pferd mit niedrigem Adrenalinspiegel hat die Möglichkeit, Dinge viel schneller aufzunehmen und umzusetzen.

Den einwandfreien Stall und die perfekten Trainingsbedingungen gibt es nicht. Einmal sind die Pferde auf riesigen Koppeln, was an sich ein großer Vorteil ist. Aber gerade am Anfang kann dies bedeuten, dass man viel laufen muss. Oder man kann das Fohlen nicht wirklich von der Herde separieren, und es stören immer wieder andere Spielkameraden das Training. Hier braucht man etwas Kreativität, um mit einfachen Lösungen die Situation zu optimieren. Ärgern bringt

nichts, und so ist das Motto: Schaffen Sie für sich und Ihr Pferd die bestmöglichen Bedingungen! Eine Möglichkeit kann sein, sich während des Trainings einen separierten Raum zu schaffen, indem man beispielsweise eine Ecke des Offenstalls vorübergehend mit Strombändern abtrennt.

Richtiges Loben

Damit ein Pferd schnell lernt und Spaß an der Arbeit hat, sollte man viel loben. Pferde freuen sich über ein Lob genauso wie wir Menschen.

*Liebe geht nicht nur bei uns Menschen
durch den Magen.*
(Foto: Christiane Slawik)

Doch man muss schnell handeln: Lediglich eine Sekunde Zeit bleibt, um ein positives Verhalten anzuerkennen oder ein negatives zu strafen. Sonst kann ein Pferd die Verbindung nicht mehr herstellen und weiß nicht, wofür es jetzt gelobt oder getadelt wird.

Wie loben?

Es gibt mehrere Möglichkeiten zu loben. Eine davon ist, dass man, allgemein gesprochen, den Druck aus der Situation herausnimmt. Druck kann bei einem Fohlen schon bedeuten, dass ich als Mensch, als Fleischfresser, als fremde Person auf das Pferd zugehe. In dieser Situation bedeutet Druck herausnehmen, stehen zu bleiben, sich umzudrehen, sich wieder ein Stück zu entfernen oder eine Pause einzulegen. Oft beobachte ich in diesen Situationen ein tiefes Durchatmen beim Pferd, es kaut ab oder gähnt sogar, die Anspannung fällt ab.

Eine andere Möglichkeit ist das Loben mit der Stimme. Ich empfehle meinen Kunden immer, ein bestimmtes Wort für ein Lob zu verwenden. Es sollte einen dunklen, warmen Vokal enthalten. Zum Beispiel ein lang gezogenes „Guuuut" oder „Schööön". „Fein" ist nicht so glücklich gewählt, wenn man für ein negatives Verhalten ein „Nein" etablieren möchte. Wenn man die beiden Worte nicht ausdrücklich anders betont, kann das leicht zu Verwechslungen führen.

Nicht zu vergessen ist das Loben mit Futter. Oft werde ich gefragt, wie ich dazu stehe. Meine Antwort hierauf lautet immer: Es kommt darauf an.

Nur Freunde kraulen sich gegenseitig. (Foto: Christiane Slawik)

Pferde denken in Bildern und man kann Futter verwenden, um ein positives Bild im Gehirn des Pferdes zu verankern. Außerdem entspannen Pferde durch Kauen. Das kann man nutzen und sein Pferd an Plätzen füttern, an denen es bis dato eher gestresst war. Futter aus der Hand ist aber gerade bei jungen Pferden immer mit einem gewissen Risiko verbunden, weil man dadurch ein Pferd zum Beißen animieren kann. Ist die Rangordnung vollkommen klar, wird es zu keinem Problem kommen. Ist sie nicht eindeutig geklärt, rate ich davon ab. Will man seinem Pferd trotzdem einen Leckerbissen geben, dann lieber aus dem Eimer oder Trog.

Pferde sind Persönlichkeiten und jedes genießt und entspannt auf seine eigene Art und Weise. Es ist die Aufgabe des Besitzers herauszufinden, was sein Pferd besonders gern mag. Zum Beispiel kann eine Belohnung auch ein Sich-Wälzenlassen oder Sich-auf-ein-Podest-Stellen sein. Hier gilt es, die individuelle Art des Lobens herauszufinden.

Viele Pferde lieben das Fellkraulen – auch das kann eine Art der Belohnung sein. Es entspannt und verbindet eng mit dem Pferd, weil beim Fellkraulen Oxytocin ausgeschüttet wird. Dieses Hormon wird auch bei der Stute und ihrem Neugeborenen freigesetzt und ist für die Bindung elementar.

Wie nicht loben?

Auch beim Loben kann man Fehler machen, zum Beispiel, wenn man zum falschen Zeitpunkt lobt. Ich erlebe immer wieder – ob im Jungpferdetraining oder bei der Arbeit mit älteren Pferden –, dass der Besitzer mit seinem Pferd in eine ungewünschte Situation kommt. Das Pferd zeigt Angstreaktionen und will flüchten. Wenn man jetzt in dieser Situation sein Pferd mit tiefer, beruhigender Stimme anspricht, lobt man ungewollt ein nicht erwünschtes Verhalten. Viel effektiver ist es, in dieser Situation so ruhig wie möglich zu bleiben, tief zu atmen und damit seinem Pferd zu signalisieren, dass es keinen Grund zur Aufregung gibt. Erst wenn es wieder entspannt, kann man mit ihm reden und es loben.

„Klopf dein Pferd am Hals, wenn du es loben willst." Das wird in vielen Reitschulen gelehrt. Klopft man jedoch einmal sich selbst auf diese Art und Weise, spürt man erst, dass dabei kein positives Gefühl übertragen wird und dass das Klopfen eher unangenehm, ja sogar fast lästig ist. Anders ist es, wenn man sein Pferd streichelt, berührt wie einen Menschen, den man sehr mag. Das fühlt sich sofort anders an. Auch unsere Pferde spüren diesen Unterschied und bevorzugen genauso wie wir die gefühlvolle Variante.

Faires Maßregeln

Was tun, wenn sich Ihr Pferd alles andere als vorbildhaft benimmt und beißt, schlägt oder steigt? Pferde sind große Tiere und für uns Menschen kann es schnell gefährlich enden. Meine Erfahrungen haben gezeigt, dass sich Pferde dann aus unserer Sicht danebenbenehmen, wenn sie entweder nicht verstehen, was wir von ihnen wollen, oder sich überfordert fühlen. Wenn man in einer solchen Situation physische Härte oder Gewalt als Maßregelung anwendet, macht man es meist keinesfalls besser – im Gegenteil: Das Pferd verliert jegliches Vertrauen in uns. Ich finde immer wichtig zu hinterfragen, woher das negative Verhalten kommen könnte: Habe ich das Pferd überfordert, habe ich mich unverständlich ausgedrückt oder testet das Pferd einfach die Grenzen aus?

Faires Maßregeln ist zum Beispiel, klar, energisch und deutlich „Nein" zu sagen, kombiniert mit einer aufrechten, selbstbewussten Körperhaltung. Oder Sie schieben Ihr Pferd sofort ein, zwei

Pferde wissen genau, wann sie Grenzen überschreiten, und nehmen dann faires Maßregeln nicht übel! (Foto: Christiane Slawik)

Schritte zurück. Rückwärtsgehen ist eine klare Form der Unterwerfung: Wichtig ist nur, dass das Maßregeln prompt erfolgt. Sind erst einmal einige Sekunden oder mehr vergangen, kann das Jungpferd die Maßregelung nicht mehr verbinden. Doch Vorsicht – bei häufigem Rückwärtsrichten ohne Sinn fühlt sich das Pferd schnell gegängelt.

Individuelle Trainingseinheiten

Vor allem bei Jungpferden und Fohlen ist es extrem wichtig, die Länge einer Trainingseinheit kurz zu halten und sie immer positiv zu beenden. Das Zeitfenster, in dem sich ein Fohlen konzentrieren kann, ist am Anfang nur fünf bis maximal zehn Minuten. In dieser Anfangsphase ist es effektiver, wenn man mehrere, dafür sehr kurze Trainingseinheiten an einem Tag macht. Überschreitet man die Konzentrationsgrenze, machen die einen Pferde nicht mehr mit, die anderen können sogar aufmüpfig werden. Das passiert

„Ich habe Zeit – ich möchte diesen Ausspruch allen Reitern zurufen, die plötzlich auf Schwierigkeiten stoßen und mit ihren Pferden nicht einig werden können.“
Alois Podhajsky

jedem einmal und ist auch kein Weltuntergang. Mein Tipp: Wiederholen Sie etwas Leichtes, bei dem Sie sich sicher sind, dass es funktioniert, und enden an einem positiven Punkt. Allzu oft sollten Sie Ihr Pferd jedoch nicht überfordern, da man ihm sonst den Spaß am Training nimmt. Vielen Pferden wird die Freude am Training verdorben – den einen schon als Fohlen, den anderen beim Anreiten oder Anfahren, weil nicht individuell mit ihnen gearbeitet wird.

Doch gerade dieses individuelle Eingehen auf ein Fohlen oder Pferd ist sehr entscheidend, damit es schnell lernt und Freude am gemeinsamen Erleben hat. Kein Pferd, kein Fohlen und kein Mensch sind gleich. Jedes Wesen hat seine Eigenheiten und seine Art zu lernen. Meine Erfahrung hat gezeigt, dass unter Zeitdruck alles nur länger dauert. An dieser Stelle möchte ich jeden dazu auffordern, sich auf sein Pferd einzulassen und sich die Zeit zu nehmen, die es braucht. Ihr Pferd wird es Ihnen sehr danken!

Kein Tag ist gleich

Ob Halter von jungen Hunden, Eltern von kleinen Kindern oder Fohlenbesitzer – sie alle werden mir recht geben, wenn ich sage: Kein Tag ist gleich! An manchen Tagen ist man obenauf und freut sich sehr, weil alles gut läuft. Dann gibt es wieder Momente, in denen das Jungpferd schwierig ist oder einfach keine Lust hat mitzumachen. Aus diesem Grund rate ich meinen Kunden, dass sie ohne Plan in den Stall fahren oder zumindest flexibel bleiben sollen. Warten Sie erst einmal ab, was heute für ein Tag ist. Meistens spürt man sehr schnell, ob das Pferd gut gelaunt ist oder eher nicht. Dementsprechend kann man an einem guten Tag Neues einführen und vielleicht die Trainingseinheit etwas schwieriger gestalten. An einem schlechteren Tag hingegen macht man weniger, wiederholt nur Dinge, die eigentlich schon sicher sitzen, und lässt es darauf beruhen. Es gibt auch Situationen, in denen nicht das Pferd, sondern man selbst keinen guten Tag hat. An so einem Tag ist es vielleicht besser, im Stall nur nach dem Rechten zu sehen – nicht mehr und nicht weniger. Unter Umständen ist man schnell gereizt und wird seinem Pferd gegenüber eventuell unfair. Doch danach fühlt sich keiner von beiden besser – im Gegenteil, vermutlich kommt noch Ihr schlechtes Gewissen dazu.

Die meisten Pferde fühlen sich schnell überfordert, wenn zu viel Neues auf einmal auf sie zukommt. Stecken Sie sich Ihre Ziele, aber seien Sie geduldig und versuchen Sie nicht, alle gleichzeitig zu erreichen. Brechen Sie die Hauptziele in kleinere Zwischenschritte herunter. Sie werden sehen, wenn Sie die Aufgabe unterteilen, erreichen Sie das Hauptziel viel schneller. Denn in Ruhe lernt Ihr Fohlen viel besser und das Gelernte ist zu einem späteren Zeitpunkt schnell wieder abrufbar.

Immer beide Seiten üben

Jedes Pferd hat eine bessere und eine schlechtere Seite. Häufig ist die schlechtere die rechte Seite. Dafür gibt es auch eine Erklärung: Wir Menschen sind gewohnt, beim Pferd alles von links zu machen: Wir nähern uns von links, wir halftern und steigen von links auf. Da unsere Pferde nicht wie wir Menschen eine gute Übertragung von der linken auf die rechte Gehirnhälfte haben, trainieren wir folglich nur eine Seite unseres Pferdes. Daher ist es wichtig, dass wir alles von beiden Seiten üben. Damit trainieren wir beide Gehirnhälften und beugen vor, dass die rechte Seite verglichen mit der linken Seite stark abfällt.

Aufhalftern von rechts fällt
anfangs nicht so leicht.

(Foto: Claudia Rahlmeier)

Erfolgstagebuch führen

Durch das Aufschreiben von positiven Erfahrungen kann man Entwicklungen und Prozesse viel bewusster wahrnehmen. Auf diese Art und Weise kann man diese schönen Erlebnisse für sich festhalten und zu einem späteren Zeitpunkt noch einmal lesen – eine tolle Erinnerung gerade für Fohlenbesitzer. Oder man stellt sich vielleicht hinterher die Frage: „Was hat sich wann verändert?" Dann hilft ein solches Buch, sich des Erfolgsschlüssels bewusster zu werden.

Ein weiterer Punkt sind unsere Gedanken, unsere Einstellung. An reines Glück oder dass Dinge bei dem einen zufällig funktionieren und bei dem anderen nicht, glaube ich nicht. Ich meine, dass nichts von allein kommt: Es ist vielmehr das positive Denken, ein gewisses Vertrauen in sich und seine Fähigkeiten, dass man alles schafft, was man sich vorgenommen hat, und nicht zuletzt ein konsequentes Verfolgen seines Ziels.

> „Liebe ist mehr als ein Gefühl.
> Sie bedeutet, positiv über unser
> Pferd zu denken."
> *Ariane Reaves*

Richtet man seinen Fokus auf die positiven Erlebnisse und Erfahrungen, die man mit seinem Jungpferd macht, und schreibt sie in einem Erfolgstagebuch nieder, verändert dies die Einstellung und sogar die Beziehung zum eigenen Pferd nachhaltig. Auch wenn Sie einmal negative Erfahrungen mit Ihrem Fohlen machen,

möchte ich Sie ermuntern, dies als eine Chance zu sehen – eine Chance, Neues zu erfahren und daran zu wachsen. Ein solches Erfolgstagebuch, in dem Sie jeden noch so kleinen Erfolg, den Sie mit Ihrem Fohlen erleben, notieren, lenkt Ihren Blickwinkel wieder auf die positiven Dinge. Probieren Sie es aus! Sie werden sehen, wie viel schon kleine Erfolge in Bewegung setzen können.

Erstes Kontakten

Die Anfangszeit im neuen Stall ist für jedes Pferd mit viel Stress verbunden. Wie schnell sich das Tier einlebt, ist ganz individuell. Auch wenn es etwas Zeit braucht, sorgen Sie sich nicht. Das Fohlen wird seinen Platz in der Herde finden. Verlangen Sie nichts Unnötiges von ihm, es braucht seine ganze Energie jetzt für den Eingewöhnungsprozess.

Ob man als Mensch als Stressfaktor gesehen wird, hängt sehr davon ab, wie das Fohlen die erste Zeit verbracht hat. Wenn es viel Kontakt zum Menschen hatte, wird es uns weniger als Gefahr sehen, als wenn es lange auf der Alm stand und mit seiner Mutter oder anderen Pferden mehr oder weniger auf sich allein gestellt war. Dann wird es eher skeptisch reagieren, eben wie ein wildes Pferd, das uns erst einmal als Fleischfresser wahrnimmt. Ist Letzteres der Fall, wird es uns verständlicherweise als weiterer Angstauslöser sehen und unsere Nähe meiden. Bei solchen schüchternen, ängstlichen Pferden ist der erste Schritt, dass man sich ihnen nähert. Dabei sollte einem bewusst sein, dass ein rohes Pferd stärker auf unsere Körpersprache reagiert als ein erfahrenes, bereits ausgebildetes Pferd.

Kniend wirkt man ungefährlich. Das Fohlen kann selbst entscheiden, ob es zu einem kommen möchte.
(Foto: Claudia Rahlmeier)

Bewusstes Annähern

Wenn man auf das Fohlen zugeht, sollte man das in einer weichen, runden Körperhaltung tun und dabei in Richtung Kopf oder Schulter des Pferdes gehen.

Zu Beginn wird das Pferd unter Spannung stehen, wenn wir uns annähern. Anfangs ist das vielleicht schon bei einer Entfernung von zehn Metern der Fall. Egal an welchem Punkt – sobald das Pferd sich verkrampft, sollte man stehen bleiben, dadurch den Druck herausnehmen und geduldig warten oder das Pferd zu sich einladen. Wenn es entspannt, kann man ein, zwei Schritte auf das Fohlen zugehen. Dann bleibt man wieder stehen und lädt es erneut ein.

Indem man stehen bleibt oder sich sogar wieder einige Meter entfernt, nimmt man den Druck aus der Situation und vermittelt dem Pferd: „Ich bin keine Gefahr." Ein Raubtier in freier Wildbahn würde sich von seiner Beute nicht mehr entfernen, bis es sie erlegt hat. Dieses Sich-Annähern braucht ein gewisses Gespür, Feingefühl und das Verständnis der Körpersprache.

In der ersten Zeit besteht der Kontakt also nur darin, zu Besuch zu kommen und mit dem Fohlen zusammen kurze, schöne Momente zu verbringen. Damit meine ich: einfach nur da sein, ohne weitere Absichten. Denn kommt man mit einer festen Absicht in den Stall, so spüren unsere Pferde das sofort. Sie sind sehr sensible Wesen und merken, dass etwas Neues auf sie zukommt. Lassen Sie sich deshalb viel Zeit beim Einführen neuer Dinge.

Genuss pur – hier interessiert
auch kein Gras mehr.

(Foto: Claudia Rahlmeier)

Fellkraulen zum Entspannen

Sobald mich das Fohlen zumindest für einen kurzen Augenblick in seiner Nähe duldet, beginne ich es zu kraulen. Später, nach Absetzen des Fohlens, kann man das Fellkraulen auch unter Pferden, die sich gut verstehen, beobachten. Zwei Pferde, die sich nicht mögen, wird man nie so eng beieinanderstehen sehen. Gerade Fohlen lieben das Kraulen und können auch noch deutlich zeigen, dass sie es genießen. Ich beginne immer am Widerrist – an der Stelle, an der sich auch Pferde kraulen. Weitere beliebte Stellen sind der Mähnenansatz, der Hals, die Brust oder die Schweifrübe. Aber das ist etwas ganz Individuelles und die Lieblingsstellen Ihres Pferdes gilt es selbst herauszufinden. Auch die Druckstärke variiert von Pferd zu Pferd: Die einen schätzen eher kräftigere, die anderen eher zarte Berührungen. Beachten Sie bitte beim Fellkraulen: Das Tier sollte immer die Möglichkeit haben zu gehen!

Aufhalftern

Am besten wählen Sie ein qualitativ hochwertiges Halfter, das am Kinn- und Nackenriemen verstellbar ist. So kann es eine gewisse Zeit „mitwachsen".

Ihr Fohlen freut sich, wenn Sie um die Ecke biegen und es Sie sieht? Gut, dann ist es Zeit für den nächsten Schritt. Um es mit dem Fohlenhalfter vertraut zu machen, nehmen Sie das Halfter zum Kontakten erst einmal nur mit. Es ist einfach nur dabei. Dazu können Sie es sich zum Beispiel über den Arm hängen. Ängstliche Jungpferde werden anfangs große Augen machen und vielleicht Reißaus nehmen.

Das Aufhalftern sollte zur täglichen Routine mit dem Fohlen gehören. (Foto: Claudia Rahlmeier)

TIPP

Bitte lassen Sie das aufgehalfterte Fohlen nie allein. Die Gefahr, dass es mit dem Halfter irgendwo hängen bleibt oder Kumpel unangenehm daran ziehen, ist zu groß.

Erste Übung: Mäulchen in den Nasenriemen.

Zweite Übung: Halfter über die Ohren ziehen.

(Fotos: Claudia Rahlmeier)

Das erfahrene Pferd gibt dem Kleinen Sicherheit. (Foto: Claudia Rahlmeier)

Doch wenn Sie immer wieder mit dem Halfter kommen, merkt Ihr Pferd irgendwann, dass ihm nichts passiert.

Der zweite Schritt ist, das Fohlen mit dem Halfter am ganzen Körper abzustreichen. Sobald es still stehen bleibt, bewegen Sie das Halfter immer wieder weg vom Pferd. Damit nehmen Sie den Druck aus der angespannten Situation und belohnen Ihr Fohlen. Wenn es sich wegdreht, sollten Sie versuchen, mit dem Halfter am Fohlen zu bleiben. Sonst lernt es: Ich muss nur weggehen, um mich zu entziehen. Wenn es auf der einen Seite gut funktioniert, üben Sie von der anderen Seite. Wiederholen Sie diese Übung so lange, bis sich Ihr Fohlen total entspannt ab-

streichen lässt. Bei ängstlichen Fohlen kann es sein, dass Sie durchaus mehrere Trainings dafür benötigen.

Schritt Nummer drei: Sie nehmen das Halfter und ziehen es nur über die Nase an. Ist das gelungen, ziehen Sie das Halfter nicht gleich komplett an, sondern erst einmal wieder aus. Wiederholen Sie diese Übung so lange, bis Ihr Jungpferd von allein sein Maul in den Nasenriemen steckt. Das Halfter jetzt ganz anzuziehen, ist nur noch eine Kleinigkeit. Vergewissern Sie sich vor diesem Schritt, dass das Halfter groß genug eingestellt ist, damit Sie die Ohren beim Überziehen nicht abdrücken. Es soll sich schnell und vor allem leicht anziehen lassen. Enger stellen können Sie das Halfter immer noch, wenn es komplett angezogen ist. Um diese Übung zu festigen, gilt es, sie oft zu wiederholen.

Führen und anhalten

Man kann immer wieder Pferdebesitzer sehen, die ihr Pferd auf Höhe der Schulter gehend führen. Beobachtet man allerdings eine Pferdeherde, wird man erkennen, dass auf Höhe der Schulter nur das schutzbedürftige Fohlen läuft. Die Stute geht vorneweg. Das sollten Sie auch tun, wenn Sie von Ihrem Pferd als Leittier gesehen und wahrgenommen werden wollen. Ihre Schulter ist dabei die Grenze, ihr Tempo der Maßstab. Aus Sicherheitsgründen soll Ihr Pferd klar links oder rechts von Ihnen gehen. Denn geht es in Ihrem Windschatten, kann es gefährlich werden, falls das Tier erschrickt und die Flucht antritt.

Von Natur aus übt ein Pferd, sobald es physischen Druck spürt, Gegendruck aus. Somit muss es erst einmal lernen, dass es vor dem Druck weichen soll, anstatt dagegenzuarbeiten. Auch beim Führen wird, wenn das Fohlen nicht mitgeht, Druck auf den Strick und somit auch auf das Halfter ausgeübt. Man wird dann beobachten, wie sich das Fohlen eher in den Strick hin-

einlehnt, anstatt mitzukommen – eine ganz normale Reaktionsweise.

Üben mit Vorbild

Wie geht man in diesem Fall am besten vor? Am einfachsten funktioniert es, wenn Sie innerhalb der Herde/Koppel bleiben und ein älteres Pferd zu Hilfe nehmen, an dem sich das Fohlen orientieren kann. Beide Pferde werden aufgehalftert sein. Das ausgebildete Pferd wird von einer weiteren Person vor dem Fohlen losgeführt. Oft wird allein dadurch auch das Fohlen animiert mitzukommen. Dann sollte der Führstrick beim Führen durchhängen, sprich kein Zug auf dem Seil sein. Für den Anfang reichen zwei oder drei Schritte, dann bleiben Sie stehen und loben Ihr Fohlen ausgiebig.

Allein üben

Nicht immer besteht die Möglichkeit, ein älteres, ausgebildetes Pferd als Vorbild zur Hand zu haben. Doch auch ohne Zweitpferd kann es klappen, und ich empfehle auch hier, die ersten Führversuche im Stall zu machen, sodass sich das Fohlen sicher und wohlfühlt. Genauso wie oben beschrieben ziehen Sie Ihrem Youngster das Halfter an und hängen den Strick im Kinnring ein. Halten Sie den Strick nicht direkt unterhalb des Karabiners fest, sondern geben Sie

TIPP

Bitte verwenden Sie keine Knotenhalfter oder Ähnliches. Diese sind für den Anfang viel zu scharf, weil sie bei Druck einschneidend wirken.

TIPP

Der Zug am Führstrick sollte keinesfalls zu stark sein, da der Knochen- und Bandapparat des Jungtiers noch nicht ausgereift ist.

Entspanntes, gemeinsames Gehen.

(Foto: Claudia Rahlmeier)

Ihrem Pferd circa einen Meter Seil. Dieser Meter erlaubt Ihnen loszugehen, ohne dass sofort Zug auf dem Strick entsteht. Kommt Ihr Fohlen auf Anhieb mit, hängt das Seil als Belohnung durch. Kommt es nicht mit, dann entsteht Zug auf dem Strick und damit auch auf dem Halfter. Ist dies der Fall, so behalten Sie den leichten Zug auf dem Strick bei, bewegen sich jedoch von der frontalen Position mehr Richtung Schulter des Fohlens. Dadurch kommt das Fohlen aus der Balance und einen Schritt auf Sie zu. Das ist der entscheidende Punkt: Hier sollten Sie sofort loslassen. Das Timing ist sehr wichtig, damit das Fohlen versteht, was Sie von ihm wollen. Mit dem Loslassen nimmt man den Druck weg und belohnt dadurch das Fohlen. Mit jeder Wiederholung wird es leichter.

Ob Sie nun mit oder ohne zweites Pferd begonnen haben zu üben – verlängern Sie die Strecke, die Sie Ihr Fohlen führen, von Mal zu Mal, von Schritt zu Schritt. Aber werden Sie aus Freude nicht zu ehrgeizig. Hören Sie lieber – auch wenn es noch so schön ist – nach einem positiven Versuch auf und loben das Fohlen noch einmal überschwänglich. Morgen ist ein neuer Tag, an dem Sie weiterüben können.

Sobald das Führen von links gut funktioniert, üben Sie von der rechten Seite weiter. Denn auch das Führen von rechts ist eine wichtige Lektion für Ihr Jungpferd.

Zum Anhalten brauchen Sie nicht am Strick zu ziehen. Sie müssen Ihr Jungpferd auch nicht unbedingt auf ein Stimmkommando konditionieren, Ihre Körpersprache reicht vollkommen

Probieren Sie es aus! So geht das Anhalten angenehm leicht. (Foto: Claudia Rahlmeier)

Apfelsaft schmeckt den meisten Fohlen. (Foto: Claudia Rahlmeier)

aus. Drehen Sie sich einmal um 180 Grad um die eigene Achse und bleiben frontal zu Ihrem Fohlen mit aufrechter Körperhaltung stehen. Nonverbal heißt das ganz klar: Halt! Diese Art des Anhaltens funktioniert bei allen Pferden, nur dass man sich bei sensibleren Pferden mit weniger Energie umdreht als bei dominanten.

Medical Training, Teil I

Es ist wichtig, bereits das Fohlen auf den Besuch des Tierarztes vorzubereiten, damit es im Notfall nicht in Panik gerät, wenn es zum Beispiel das erste Mal eine Spritze sieht. Es ist nicht die Aufgabe des Tierarztes, ein Pferd auf Untersuchungen und Behandlungen vorzubereiten oder zu trainieren. Machen Sie selbst ein Medical Training mit Ihrem Pferd, damit die Tierarztbesuche von Anfang an stressfrei für alle Beteiligten ablaufen.

Stressfreies Entwurmen

Zum Üben halftern Sie Ihr Jungpferd auf und haken den Führstrick am Kinnring ein. Halfter und Strick dienen lediglich dazu, dass sich Ihr Fohlen nicht komplett entziehen kann. Der Strick sollte aber möglichst durchhängen.

Bevor Sie die Spritze (circa 20 Milliliter) mit Apfel- und/oder Karottensaft aufziehen, testen Sie bitte, welcher Saft Ihrem Pferd am besten schmeckt. Dazu können Sie ein bisschen Saft auf die Hand nehmen und Ihr Pferd probieren lassen. Den Testsieger werden Sie schnell an der Mimik erkennen. Dann zeigen Sie Ihrem Fohlen die Spritze. Viele Fohlen sind sehr neugierig und

Haben Sie etwas Honig an den Fingern, fällt es den Pferden noch leichter, die neue Berührung im Maul zu akzeptieren.
(Foto: Claudia Rahlmeier)

nehmen alles ins Maul. Genau in diesem Augenblick drücken Sie ein bisschen Saft ins Maul und nehmen die Spritze gleich wieder weg. Das wiederholen Sie einige Male.

Ziel ist es, dass Sie ohne Halfter und Strick und ohne die Fohlennase begrenzen zu müssen die Spritze seitlich ins Maul schieben können. Sie werden merken, dass es Ihrem Fohlen schmeckt und es sich sogar freut, sobald es Sie mit der Spritze in der Hand sieht. Auf diese Art und Weise verankern Sie ein positives Bild der Spritze im Gehirn Ihres Fohlens.

Ist der positive Anker gesetzt, wird die nächste Wurmkurgabe stressfrei für alle Beteiligten ablaufen. Verwenden Sie möglichst Wurmkurmedikamente mit Geschmack. Zwischen dieser und der nächsten Wurmkurgabe empfehle ich immer wieder, dem Fohlen ab und zu eine Spritze mit Saft zu geben, damit das positive Bild erhalten bleibt.

Maul, Nüstern und Ohren untersuchen

Die Nüstern und das Maul sind mit die empfindlichsten und intimsten Regionen eines Pferdes. Beginnen Sie Ihr Fohlen am Maul zu berühren, zu streicheln und zu kraulen, sodass eine Berührung dort selbstverständlich wird.

Bereitet dies Ihrem Fohlen keinen Stress, dann fassen Sie immer mal wieder mit einem Finger seitlich ins Maul – hier befinden sich keine Zähne. Weiten Sie Ihre Übung langsam mehr und mehr aus, indem Sie den Gaumen und das Zahnfleisch ober- und unterhalb der Schneidezähne massieren. Viele Pferde müssen sich erst daran gewöhnen, bis sie merken, dass dies eine sehr wohltuende, entspannende Wirkung hat.

Die Schweifrübe: Das ist eine angenehme Stelle.

(Foto: Claudia Rahlmeier)

Auch an den Ohren lassen sich junge Pferde meist nur ungern berühren. Sie reißen anfangs oft den Kopf weg, damit sie der Berührung entkommen. Fassen Sie trotzdem die Ohren von außen an und nehmen die Hand wieder weg, bevor Ihr Pferd den Hals wegdreht. Mit der Zeit wird es sich an das Anfassen gewöhnen. Dann können Sie anfangen, die Ohren von außen zu kraulen, sie langsam einzeln zu drehen und innen von der Ohrbasis zur Ohrspitze auszustreichen. Auch hier wird Ihr Pferd den Wellnesscharakter spüren, den Hals fallen und sich gern verwöhnen lassen. Außerdem haben Sie damit eine wichtige Vorarbeit geleistet, sollte Ihr Pferd einmal vom Tierarzt an den Ohren untersucht werden müssen.

Fieber messen

Um Ihr Pferd auf das Fiebermessen vorzubereiten, kraulen Sie die Schweifrübe. Diese ist ähnlich wie der Mähnenansatz eine sehr beliebte Kraulstelle, die auch die Stute bei ihrem Fohlen massiert. Allerdings ist diese Stelle auch sehr sensibel und man kann das Fohlen leicht verunsichern, wenn man zu schnell vorgeht. Die Anspannung erkennt man am Ohrenspiel: Die Ohren sind in diesem Fall fast nach hinten angelegt und das Fohlen beobachtet jede Ihrer Bewegungen. Nehmen Sie sich daher Zeit und massieren zu Beginn lediglich die Schweifrübe. Als nächs-

TIPP

Benutzen Sie am besten zu Beginn des Putzens nur weiche Bürsten, damit es auf jeden Fall angenehm für das Pferd ist und nicht wehtun kann. Später können Sie auch andere Putzutensilien verwenden.

ten Schritt gehen Sie während des Kraulens mit der Hand unter die Schweifrübe. Sollte Ihr Fohlen diese intime Berührung nicht zulassen wollen und den Schweif einklemmen, dann üben Sie so lange, bis Sie den Schweif auf die Seite nehmen dürfen. Jetzt ist es nur noch eine Kleinigkeit, Fieber zu messen. Aber bitte halten Sie zu jeder Zeit das Thermometer fest, damit es nicht im Fohlen verschwindet. Am besten verwenden Sie ein Thermometer, das einen Ring am Ende hat. Dort kann man eine Schnur befestigen, an der man zur Not das Fieberthermometer wieder herausziehen kann.

Putzen statt sauber machen

Fohlen lieben es, sich im Dreck zu wälzen. Das ist gut für ihr psychisches und physisches Gleichgewicht. Oft schließen sich weitere Pferde an, wenn eines damit angefangen hat. Sich wälzen hilft beim Fellwechsel, durchblutet die Haut, und die angesammelte Dreckschicht bietet Schutz vor lästigem Getier. Wichtig ist für Fohlen das Putzen oder Saubermachen keinesfalls, trotzdem gehört das Gewöhnen an die Putzutensilien zur Fohlenschule. Spätestens vor dem Aufsatteln sind die Bürsten hilfreich und notwendig, um die Sattellage von Dreck zu befreien.

Starten Sie mit Massagehandschuh oder Gummistriegel am Widerrist. Verfolgen Sie aber nicht die Absicht, Ihr Fohlen vom Dreck zu befreien, sondern die, ihm etwas Gutes zu tun. Ob die Art und Weise Ihrer Massage ankommt, sehen Sie an der Maulmimik. Wenn Sie die richtige Stelle gefunden haben, wird Ihr Fohlen zum einen wie festgenagelt stehen bleiben und zum anderen die Oberlippe zum „Genussmäulchen" zusammenziehen.

Vom Widerrist aus können Sie sich jetzt in weichen, runden Bewegungen zum Hals und zur Brust vortasten. Überall, wo Muskulatur ist, kann der Druck stärker sein. An knochigen und sensib-

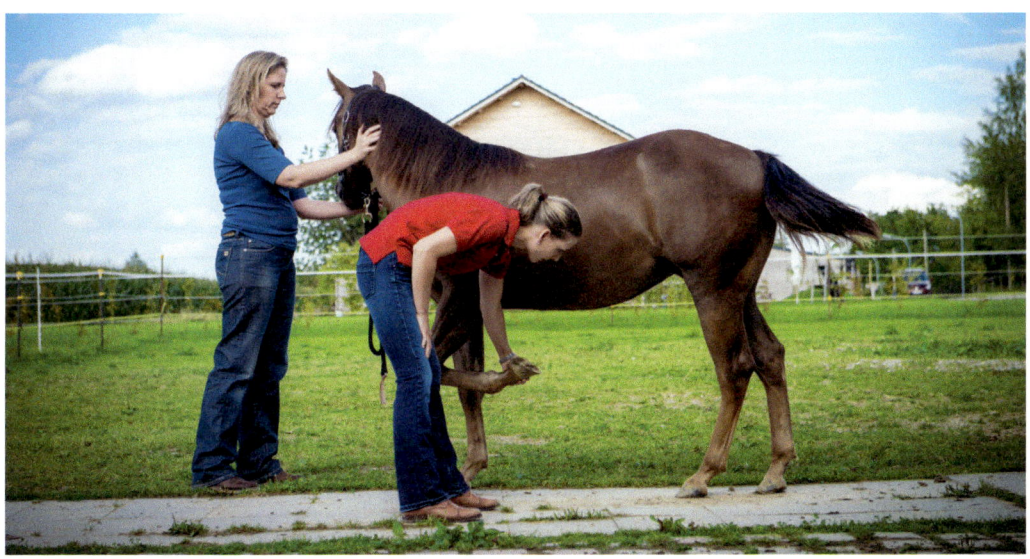

So kann das Jungpferd seinen Huf leicht geben. (Foto: Claudia Rahlmeier)

len Partien massieren Sie natürlich viel vorsichtiger. Wenn Sie so vorgehen, freuen sich sowohl Fohlen als auch ältere Pferde auf jedes Putzen.

Lassen Sie Ihr Fohlen zunächst an den neuen Gegenständen riechen, sie untersuchen, und beginnen Sie erst dann wieder, vom Widerrist aus in langsamen, weichen Bewegungen Ihr Fohlen abzustreichen. Am Anfang ist nicht wichtig, dass Sie Ihr Pferd komplett abstreichen. Es geht mehr darum, dass es sich daran gewöhnt, massiert zu werden, sich auf das Putzen freut und entspannt.

Wenn Ihr Fohlen nicht ruhig stehen bleiben will, gibt es dafür drei Hauptgründe: Vielleicht fühlt sich Ihr Fohlen an dem Ort, an dem Sie es putzen wollen, nicht wohl – zum Beispiel, weil es keinen Sichtkontakt zu seinen Kumpeln hat. Überlegen Sie dann noch einmal, wie Sie die Situation für Ihr Fohlen optimieren könnten. Ein anderer Grund kann sein, dass Ihr Jungtier in diesem Moment andere Bedürfnisse hat – wenn beispielsweise gerade Spielzeit ist und es mit seinen Freunden laufen will. Dann wird es unruhig sein und herumtänzeln.

Gerade bei Jungpferden bin ich in solchen Fällen sehr verständnisvoll und beende das Putzen nach kurzer Zeit. Langsame Bewegungen wirken dabei beruhigend, schnelles Putzen macht viele Pferde nur noch ungeduldiger.

In wenigen Fällen gibt es aber auch Pferde, die Berührungen im Allgemeinen nicht schätzen und genießen können. Diese Pferde werden dann nicht ruhig stehen bleiben. In diesen Fällen verlange ich von dem Pferd nur kurze Zeit, ruhig zu stehen, und mache nur das Nötigste. Wenn man die richtige Stelle und den passenden Druck gefunden hat, beginnen die meisten Pferde irgendwann, das Putzen zu genießen.

Den ersten Hufbearbeitungs-termin vorbereiten

Hufbearbeiter werden grundsätzlich nicht für das Trainieren von Pferden bezahlt, das ist nicht ihre Aufgabe. Viele Pferdebesitzer erwarten das allerdings und wundern sich dann, wenn es zu unglücklichen Situationen kommt. Daher kann ich nur jedem Pferdebesitzer ans Herz legen, sein Fohlen erst dann dem Hufbearbeiter vorzustellen, wenn alles einigermaßen gut und stressfrei funktioniert. Außerdem ist es wichtig, dass Sie einen Hufbearbeiter finden, der Geduld, Ruhe und Erfahrung mit Jungpferden hat. Reden Sie mit ihm und nehmen Sie ihm den zeitlichen Stress, indem Sie zum Beispiel anbieten, ihn nach Zeit zu bezahlen und nicht nach ausgeschnittenen Hufen. Beim ersten Mal ist es auch in Ordnung, wenn nur zwei Hufe bearbeitet werden. Wenn das Erlebnis für Ihr Pferd stressfrei abläuft, klappt es von Termin zu Termin immer besser.

Damit ein Pferd uns seinen Huf gibt, muss es uns schon ein Stück weit vertrauen, da es sich damit die Fluchtmöglichkeit nimmt. Der erste Schritt als Vorbereitung auf das Hufegeben ist, dass Sie Ihr Pferd am ganzen Körper abstreichen. Gerade bei den Hinterhufen kann man anfangs aus Sicherheitsgründen eine Gerte als verlängerten Arm hinzunehmen.

Wenn Sie so weit sind, dass Sie Ihr Fohlen überall mit der Hand abstreichen dürfen und es dabei völlig entspannt bleibt, kann der nächste Schritt folgen. Halftern Sie es am besten auf und achten darauf, dass es ausbalanciert steht, sodass

TIPP

Auch wenn Sie niemanden zur Hilfe haben, binden Sie Ihr Fohlen nicht an. Das kann zu Verletzungen führen. Alternativ können Sie Ihrem Jungpferd ein Heunetz zur Beschäftigung anbieten. So bleibt es still stehen und Sie können mit ihm in Ruhe trainieren.

es überhaupt in der Lage ist, seinen Huf zu geben. Ein ausgebildetes Pferd, das daran gewöhnt ist, sich die Hufe auskratzen zu lassen, stellt sich von allein so hin, dass es das Gleichgewicht halten kann. Hier müssen wir anfangs für unser Fohlen mitdenken und es, wenn nötig, so hinstellen, dass es sich besser ausbalancieren kann.

Leichter fällt alles, wenn man eine zweite Person hat, die vorn am Kopf steht und das Training unterstützt. Die Aufgabe des Helfers ist, sich frontal vor das Fohlen zu stellen und es am Seil festzuhalten, falls es versucht, nach vorn zu entweichen. Es hilft auch, wenn der Helfer, bevor man das Fohlen auffordert, einen Vorderhuf zu geben, den Kopf des Tiers leicht in Richtung des Standfußes dreht. Damit verlagert das Fohlen ganz automatisch sein Gewicht auf das Standbein und man kann den anderen Huf einfacher aufheben. Will man zum Beispiel den linken Vorderhuf aufheben, dann biegt der Helfer den Kopf des Fohlens in Richtung des rechten Vorderhufs. Sobald das Fohlen den Huf gibt, lobt es der Unterstützer überschwänglich.

Auffordern, den Huf zu geben

Dazu streichen Sie von oben nach unten am Fohlenbein entlang bis zum Fesselgelenk und zupfen an dieser Stelle am Fell.

Wenn Sie die Stimme als Hilfe mit hinzunehmen möchten, führen Sie beispielsweise das Wort „Huf" ein, wenn Sie Ihr Fohlen auffordern, einen Huf zu geben. Pferde brauchen eigentlich keine Stimmkommandos, solange sie uns nonverbal lesen können. Einige Besitzer fühlen sich jedoch wohler, wenn sie ihre Stimme zusätzlich zu Hilfe nehmen können. Dieses Gefühl überträgt sich auf das Fohlen. In diesen Fällen funktioniert das Training tatsächlich mit Stimmsignal besser und somit spricht nichts dagegen. Gibt

Heben Sie die Hinterbeine anfangs nur an und ziehen sie nicht wie beim Hufeauskratzen nach hinten.
(Foto: Claudia Rahlmeier)

das Fohlen Ihnen den Huf, nehmen Sie ihn kurz auf und stellen ihn gleich wieder ab, aber halten Sie ihn nicht lange fest.

Gleichzeitig loben Sie gemeinsam mit dem Helfer das Fohlen. Hat es lange gedauert, bis Ihr Fohlen bereit war, Ihnen seinen Huf zu geben, dann lassen Sie Ihren Ehrgeiz beiseite und sind für heute damit zufrieden. Sie müssen beim ersten Mal nicht alle vier Hufe aufheben. Wichtiger ist, dass das Fohlen nicht überfordert wird. Machen Sie lieber eine Pause und versuchen im Anschluss, einen weiteren Huf aufzuheben.

Was tun, wenn sich das Fohlen entzieht?

Solange das Hufegeben nicht zur Routine geworden ist, werden Jungpferde immer wieder testen, ob sie sich dieser Prozedur irgendwie entziehen können. Denn da sie noch nicht so gut ausba-

lanciert sind, fällt es ihnen nicht leicht und verunsichert sie, auf drei Beinen zu stehen. So gibt es Fohlen, die nicht stehen bleiben oder den Huf schnell wegziehen, andere schlagen nach vorn oder hinten aus. Wieder andere stellen sich mit ganzem Gewicht auf den Huf, den man aufhe-

TIPP

Lassen Sie nicht zu viel Zeit zwischen dem ersten Üben und den weiteren Trainings vergehen. Damit sich das Fohlen an das Hufegeben gewöhnt, ist ein regelmäßiges Üben, drei- bis viermal pro Woche, sehr entscheidend.

Auch das Feilen der Hufe soll für Ihr Fohlen nichts Besonderes mehr sein. (Foto: Claudia Rahlmeier)

ben will, oder verlagern ihr Gewicht genau auf den Huf, den man aufgehoben hat, sodass sie hinfallen würden, wenn man den Huf nicht loslässt.

Wie bei allen Problemen gibt es auch hier nicht die eine Lösung. Allgemein sollten Sie versuchen, eine noch ruhigere Atmosphäre zu schaffen, indem Sie nicht unter Zeitdruck üben und mit dem Fohlen im gewohnten Stall bleiben, eventuell ganz in der Nähe des besten Kumpels. Sie selbst sollten entspannt sein oder jemanden um Hilfe bitten, der in sich ruht und sich nicht so schnell aus dieser Ruhe bringen lässt. Manchmal ist es hilfreich, wenn ein anderer es probiert. Dies ist dann zugleich eine Vorbereitung auf den Hufbearbeiter, der für das Fohlen anfangs auch fremd ist. Halten Sie in solchen Fällen die

Übungszeiten kurz, enden umgehend an dem ersten positiven Punkt und gönnen Ihrem Fohlen eine Pause.

Allgemein gesprochen kann man Pferde beim Hufegeben entspannen, indem man den Huf aufnimmt und „ausschüttelt". Diese Methode nutze ich bei Pferden, die gern einen Huf wegziehen. Denn durch das Ausschütteln kann das Pferd keine Muskelspannung aufbauen.

Hufauskratzer, Feile und Co.

Sobald Sie das Gefühl haben, dass alles entspannt abläuft, nehmen Sie Gegenstände wie Hufauskratzer, Feile und gegebenenfalls einen Bock mit dazu. Machen Sie Ihr Pferd mit allen Dingen vertraut, indem es alles erst einmal anschauen und beschnuppern darf, bevor Sie es damit aktiv berühren. Für das Vorbereiten auf das Feilen streiche ich zunächst den Youngster mit der Feile am ganzen Körper vorsichtig ab.

Dazu bietet es sich an, eine alte, ausrangierte Feile zu benutzen, die weit weniger scharf ist als eine neue. Wenn das Fohlen das Abstreichen gut toleriert, kommt der nächste kleine Teilschritt: Ich nehme einen Huf auf und feile so gut wie ohne Druck, nur zu Übungszwecken. Bitte feilen Sie dabei nicht tatsächlich Horn von der Sohle des Hufes ab.

Wenn Sie mit der Feile ausreichend geübt haben und Ihr Fohlen entspannt mitmacht, folgt als nächster Schritt die Vorbereitung auf den Bock. Dazu fordere ich mein Fohlen auf, mir den Huf zu geben, und ziehe ihn dann ein kleines Stück nach vorn. Das ist meist kein großes Problem, weil das Fohlen mich gut bei jedem Handgriff beobachten kann. Kommt Spannung auf das Bein, dann schüttle ich es sofort aus, um die Anspannung zu lösen.

Als zweiten Schritt setze ich einen Vorderhuf auf meinen Oberschenkel oder, wenn vorhanden, auf den Bock ab. Die Hinterhufe hingegen ziehe ich ein Stück nach vorn in Richtung Bauch. Dort wird später auch der Bock des Hufbearbeiters stehen. Für den Anfang reicht ein Nach-vorn-Ziehen und Ausschütteln. Macht das Fohlen das brav mit, lobe ich sehr. Im nächsten Schritt setze ich auch die Hinterhufe auf meinem Oberschenkel oder Bock ab. Dies wiederhole ich, bis es zur Selbstverständlichkeit wird.

Zuletzt verbinde ich die zwei kleinen Teilschritte – das Gewöhnen an die Feile und das Aufsetzen des Hufs auf meinen Oberschenkel – und beginne, den Huf von außen andeutungsweise rund zu feilen, nur zur Gewöhnung. Eine weitere Übung ist das vorsichtige Klopfen auf den abgestellten Huf und – nach dem Aufnehmen – auf die Hufsohle. Verwenden Sie hierzu einem Gummihammer oder auch Ihren Hufauskratzer. Es geht darum, das Fohlen mit Geräuschen, wie sie zum Beispiel beim Aufnageln eines Beschlags vorkommen, vertraut zu machen.

Weitere Vorübungen

Einige Hufbearbeiter klemmen sich bei der Bearbeitung die Vorderhufe zwischen die Beine. Auch das kann man vorher mit seinem Fohlen üben: Heben Sie dazu einen Vorderhuf auf, schütteln ihn wie gewohnt aus und nehmen ihn zwischen die Beine. Beim ersten Mal klemmen Sie sich den Huf nur ganz kurz. Danach verlängern Sie die Dauer des Einklemmens.

Sollten Sie mitbekommen, dass ein Hufbearbeiter einen Termin mit einem anderen, älteren Pferd hat, das ruhig und erfahren bei der Hufbearbeitung ist, dann nutzen Sie diese Chance und stellen sich zusammen mit Ihrem Fohlen neben das Pferd, das ausgeschnitten wird. Auf diese Art und Weise bekommt Ihr Fohlen Geräusche wie Feilen, Abknipsen und zu Boden fallendes Werkzeug mit. Es kann sich daran gewöhnen, ohne dass es den zusätzlichen Stress hat, selbst an der Reihe zu sein.

Sollten Sie die Möglichkeit haben, einen Ihrem Fohlen fremden Menschen mit ins Training zu nehmen, dann tun Sie dies. Oft erfahre ich, dass Fohlen zwar gut vorbereitet sind, aber durch den fremden Menschen sehr verunsichert reagieren. Daher ist dies eine gute Übung, Ihrem Jungpferd die Angst vor unbekannten Personen zu nehmen. Wählen Sie hierzu eine Person mit Pferdeverstand und ruhiger Art aus. Es reicht schon, wenn diese Person einmal die Hufe Ihres Fohlens auskratzt.

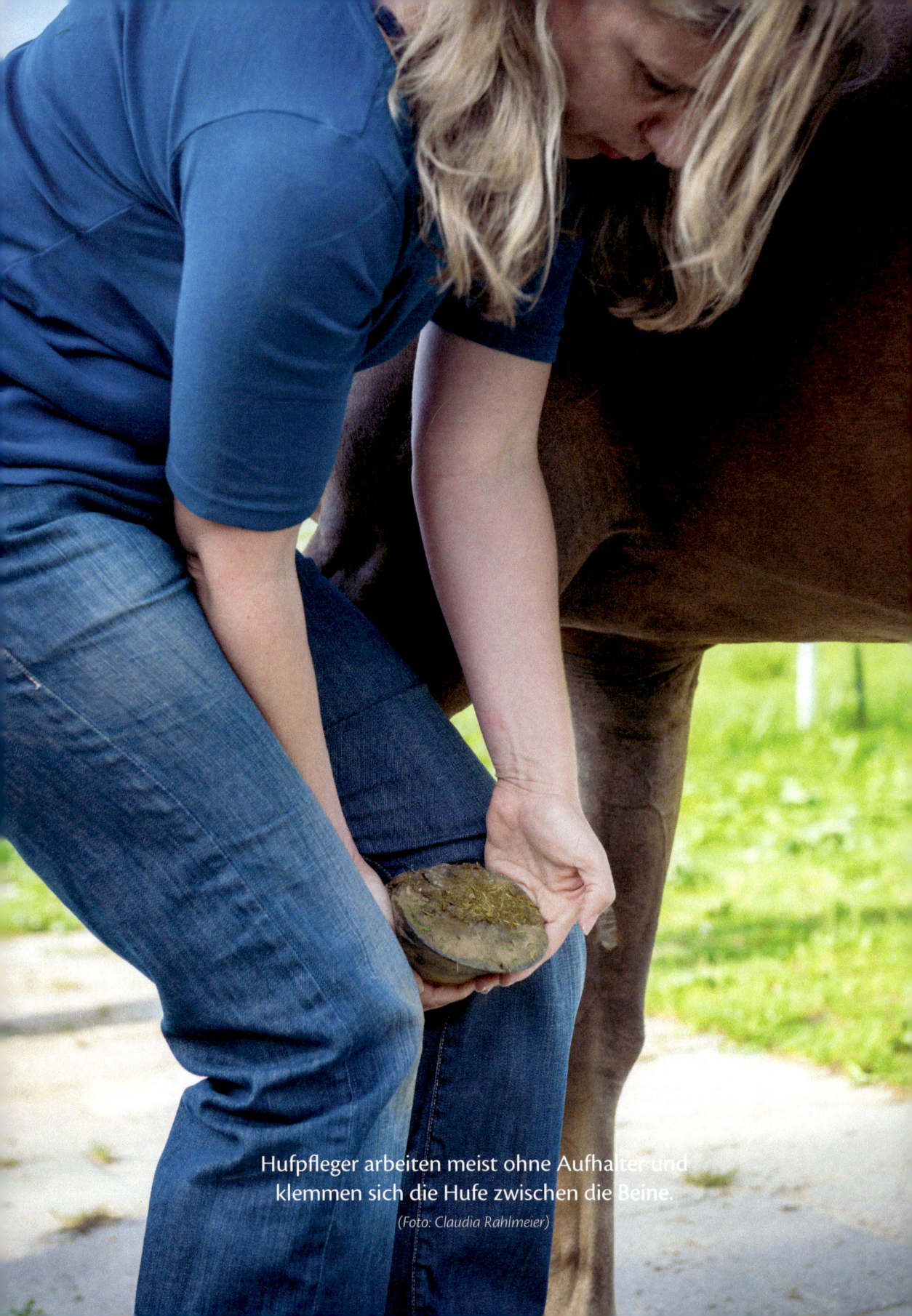

Hufpfleger arbeiten meist ohne Aufhalter und klemmen sich die Hufe zwischen die Beine.

(Foto: Claudia Rahlmeier)

CHECKLISTE FÜR DEN ERSTEN HUFBEARBEITUNGSTERMIN

- An normalen Tagen funktioniert das Hufegeben gut und Ihr Fohlen ist auch über einen etwas längeren Zeitraum entspannt.
- Ihr Fohlen kennt den Hufauskratzer, die Feile, den Bock beziehungsweise das Herausziehen der Hufe nach vorn.
- Der Hufbearbeiter ist ein geduldiger, ruhiger Mensch und hat Erfahrung mit Fohlen.
- Die Bezahlung erfolgt nach Zeit und nicht nach Anzahl der ausgeschnittenen Hufe.
- Die Uhrzeit ist vernünftig gewählt, beispielsweise nicht gerade zur Fütterungszeit.
- Sie als Besitzer und Vertrauensperson haben sich die Zeit ebenfalls freigehalten und sind vor Ort mit dabei.
- Sie als Besitzer halten das Pferd und loben es.
- Der Ort zum Ausschneiden ist auch der Ort, an dem Sie immer geübt haben. War zum Üben ein Zweitpferd dabei, dann sollte es auch beim Termin mit dabei sein.
- Wenn Sie merken, dass die Konzentration nachlässt, gehen Sie darauf ein und beenden den Termin zügig und gut. Schneidet der Hufbearbeiter noch ein anderes Pferd aus, können Sie eventuell nach einer Pause fortfahren.
- Ihr Fohlen hat heute keinen guten Tag: Seien Sie nicht enttäuscht und fordern Sie nichts heraus. Weniger ist dann mehr!

Stillstehen

Genauso wie bei allen Lebewesen gibt es auch unter den Pferden solche, die mehr innere Ruhe mitbringen, und solche, die schon fast getrieben wirken und immer in Aktion und Bewegung sind. Die ruhigen Pferde sind Energiesparer und verstehen Stillstehen als Lob. Diese Übung kommt ihrem Charakter daher sehr entgegen. Für die andere Sorte Pferd ist Stillstehen unangenehm und sie müssen erst lernen, dass auch dies dazugehört.

Zunächst suche ich mir einen festen Ort, den ich als Übungsort für das Stillstehen definiere. Dorthin führe ich mein junges Pferd und halte es wie beschrieben an, indem ich mich um 180 Grad drehe und selbst stehen bleibe. Dann gehe ich mit gutem Vorbild voran und verharre ruhig. Zum Anfang reichen nur zehn bis fünfzehn Sekunden aus. Jeden Schritt, den Ihr Pferd vorwärts auf Sie zumacht, lassen Sie es wieder zurückgehen – aber nicht mehr, sonst fühlt sich Ihr Pferd gegängelt. Wählen Sie einen Augenblick, in dem es brav steht, und gehen dann von sich aus wieder los. Verlängern Sie jedes Mal, wenn Sie diese Übung wiederholen, den Zeitraum des Stillstehens.

Hilfreich ist es auch, wenn Sie zusammen mit einem anderen Pferd üben, das Ihr Fohlen kennt, das wenn möglich ranghöher ist und das ruhig steht. Binden Sie das ältere Pferd am Übungsplatz an, bevor Sie mit Ihrem Fohlen hinzukom-

Erstes Stillstehen am Putzplatz gemeinsam mit einem erfahrenen, ruhigen Pferd. (Foto: Claudia Rahlmeier)

men und dort das Stillstehen trainieren. Wenn Sie ein Pferd mit viel Power besitzen, sollten Sie dann üben, wenn Ihr Pferd schon die Möglichkeit hatte, sich an diesem Tag auszutoben.

Anbinden

Fohlen sind wilde, ungestüme und unberechenbare Wesen. Ihre Knochen – insbesondere am Kopf – bestehen nach der Geburt aus weichen Strukturen, mit einem großen Anteil Wasser. Dies bedeutet, dass eine Verformung jederzeit stattfinden kann. Bis der Kopf so verknöchert ist, dass er aus einer harten Struktur besteht, dauert es mehrere Jahre. Das erste feste Anbinden sollte daher frühestens im Alter von drei Jahren stattfinden.

Bindet man ein Fohlen oder Jungpferd an und es gerät in Panik, kann es zu schlimmen irreparablen Verletzungen kommen. Ich bringe lieber meinem Fohlen oder Pferd bei, dass es stillstehen soll, während ich es putze, ohne dass ich es anbinden muss. Dazu lege ich das Seil oder den Strick über den Hals und putze wie oben beschrieben. Die meisten Pferde genießen das so sehr, dass sie keine Anstalten machen wegzugehen. Und wenn das Tier doch einmal losläuft, kann ich schnell zum Strick greifen.

Ist Ihr Pferd mindestens drei Jahre alt, beginnen Sie mit dem Anbinden, indem Sie das Seil erst einmal lose um die Anbindestange wickeln. Wenn Ihr Pferd jetzt erschrickt, spürt es einen leichten Widerstand, kann sich jedoch nicht verletzen, denn das Seil gibt nach, es löst sich. Das

So kann nichts passieren. (Foto: Claudia Rahlmeier)

Jungpferd lernt, dass Angebundensein nichts Beängstigendes ist.

Erst wenn man eine vertrauensvolle Beziehung zu meinem Pferd aufgebaut hat und es weitestgehend ausgewachsen ist, sollte man es fest anbinden, zunächst jedoch nur an Orten, an denen es sich sicher fühlt. Für das Sicherheitsgefühl kann man anfangs neben das unerfahrene Jungpferd einen älteren, erfahrenen Kumpel stellen. So lernt Ihr Pferd am schnellsten und ohne Stress für alle Beteiligten. Ein Pferd, das einmal beim Anbinden in Panik geraten ist und sich eventuell dabei verletzt hat, ist unter Umständen nicht mehr korrigierbar. Daher gehe ich beim Thema Anbinden immer vorsichtig vor.

TIPP

Binden Sie Ihr Pferd nur an sicheren Anbindemöglichkeiten an – zum Beispiel an einem einbetonierten Ring – und immer mit Sicherheitsknoten, damit das Seil im Notfall schnell zu lösen ist.

Die ersten Spaziergänge

Für Spaziergänge auf dem Hofgelände reicht das normale Halfter. Für Spaziergänge außerhalb des Hofes nehme ich ein Halfter mit Zug oder einen weichen Kappzaum, ein langes Western-

Entspannter Kurzausflug zu viert. (Foto: Claudia Rahlmeier)

seil oder alternativ eine Longe, Handschuhe, eine lange Gerte (als verlängerter Arm) und festes Schuhwerk.

Entspannte Ausritte am langen Zügel, das ist das Ziel, auf das Sie Ihr Fohlen schon jetzt vom Boden aus vorbereiten können: Die Grundlage dafür sind Spaziergänge an der Hand. Man kann

TIPP

Fragen Sie bei Ihrem Pferdehaftpflichtversicherer nach, welche Ausrüstung Sie für Spaziergänge brauchen.

diese Ausflüge auch als erste Gelassenheitstrainings sehen, da Sie unterwegs auf immer neue Herausforderungen für Sie und Ihr Fohlen treffen: Das kann ein Jogger sein, ein lärmender Traktor oder beispielsweise Rehe, die den Weg überqueren. Je mehr Ihr Jungpferd erlebt und gleichzeitig merkt, dass ihm dabei nichts passiert, desto entspannter wird es. Auch lernen Sie Ihr Jungpferd durch solche Herausforderungen mehr und mehr kennen und können es immer besser einschätzen.

ERSTE REGEL:
Ihre Aufmerksamkeit ist ganz
bei Ihrem Pferd

Während des gesamten Spaziergangs liegt Ihre volle Aufmerksamkeit bei Ihrem Pferd. Denn Führen heißt Verantwortung übernehmen. Versetzen Sie sich einmal kurz in die Rolle des Pferdes: Sie sind angespannt, weil etwas Neues auf Sie zukommt, das Sie zuvor unter Umständen noch nie erlebt haben. Eine erfahrene Person wird Sie begleiten und unterstützen. Sie gehen darauf ein und vertrauen dieser Person. Doch als es losgeht, merken Sie, dass diese Person mit allem anderen beschäftigt ist, nur nicht damit, wie es Ihnen ergeht. Wie würden Sie sich dabei fühlen? Wahrscheinlich sehr angespannt und unwohl. Seien Sie daher bitte während des Spazierengehens ganz bei der Sache. So können Sie in unguten Situationen viel schneller reagieren und eventuell auch eine Gefahr abwenden, bevor sie entsteht.

ZWEITE REGEL:
Ein erfahrenes Zweitpferd zur Unterstützung

Damit es tatsächlich entspannte Spaziergänge werden, ist es von großem Vorteil, wenn man ein zweites, erfahrenes und gelassenes Pferd mitnimmt. Im Idealfall kennen sich Ihr Fohlen und das zweite Pferd aus der Herde und mögen sich. Durch das erfahrene Pferd fühlt sich das Fohlen wohler, es ist entspannter und kann die neuen Eindrücke als positive Erlebnisse abspeichern.

DRITTE REGEL:
Kein Fressen auf den Spaziergängen

Das Leittier – die Leitstute – entscheidet, wo die Herde frisst und trinkt. Das heißt, wenn Ihr Pferd oder Fohlen entscheidet zu grasen, dann haben Sie in diesem Augenblick die Leittierrolle nicht inne. Lässt man das durchgehen, kommt es unter Umständen immer wieder zu Diskussionen. Außerdem wachsen gerade im Wald einige giftige Pflanzen, die nicht jeder erkennt. Das Fressverbot

ist somit auch als Prophylaxe vor Vergiftungen sinnvoll. Daher empfehle ich von Anfang an als Regel einzuführen, dass während der Spaziergänge nicht gefressen wird.

VIERTE REGEL:
Die Spaziergänge sollten immer Spazierrunden sein

Die Leitstute ist die Anführerin der Herde, sie ist erfahren und kennt den Weg zu Trinkstellen und Weideplätzen. Letzteres ist entscheidend. Daher macht es aus Pferdesicht keinen Sinn, wenn wir einen Weg gehen und dann an einer Stelle X umdrehen und denselben Weg wieder zurückgehen. Ein nicht in sich ruhendes Pferd fühlt sich verunsichert, weil sein Leittier aus seiner Sicht den Weg nicht kennt. Das heißt, es ist sich nicht mehr sicher, ob es Ihnen als Anführer vertrauen kann, und wird Sie unter Umständen weiter testen und hinterfragen.

FÜNFTE REGEL:
Starten Sie mit kleinen Runden

Für den Anfang können es kleine Runden sein, zum Beispiel durch den Hof. Diese dauern in der Regel nicht viel länger als fünf Minuten. Wiederholen Sie eine Runde häufiger – einmal von links, einmal von rechts –, bis Ihr Jungpferd entspannt neben Ihnen am durchhängenden Seil mitgeht. Dann vergrößern Sie langsam die Runden.

SECHSTE REGEL:
Kein Spazierengehen mit ungutem Bauchgefühl

Aus irgendeinem Grund sagt Ihr Bauchgefühl: Das wird heute nicht gut gehen! Denn Sie merken beispielsweise schon beim Putzen, dass Ihr Pferd durch den starken Wind sehr schreckhaft ist. Das ist keine Seltenheit, Stürme verängstigen

Üben Sie das Wechseln der Seite im Gehen, damit es im Ernstfall gut funktioniert. (Fotos: Claudia Rahlmeier)

oft auch noch ältere Pferde. Legen Sie in so einem Fall Ihren Plan zur Seite und hören bitte auf dieses Bauchgefühl. Gerade bei jungen Pferden ist es wichtig, flexibel zu bleiben und auf die innere Stimme zu hören. So kann man sich und seinem Pferd einige unangenehme Situationen ersparen.

SIEBTE REGEL:
Gehen Sie immer auf der Seite der Gefahr

Sie werden mit Sicherheit immer wieder in Situationen kommen, in denen Sie spüren und sehen, dass Ihr Pferd Angst vor etwas Unbekanntem hat. In solchen Momenten gehen Sie immer auf die Seite der Gefahr. Ein Beispiel: Sie gehen mit Ihrem Fohlen einen Weg entlang. Auf der rechten Seite am Wegrand liegt eine Plastiktüte. Schon einige Meter davor merken Sie, wie Ihr Pferd die Plastiktüte fixiert, langsamer wird

und stockt. In diesem Moment wechseln Sie die Führseite, das heißt, Sie gehen auf die rechte Seite und führen Ihr Pferd von rechts weiter. Das hat zwei Vorteile: Zum einen spürt Ihr Fohlen, dass Sie aufmerksam sind und es beschützen, indem Sie es vor der Gefahr abschirmen – so wie es die Mutterstute tun würde. Zum anderen hat das auch einen Sicherheitsaspekt für Sie selbst. Wenn Sie in der gleichen Situation links vom Fohlen bleiben, es zwingen weiterzugehen und es dann vielleicht durch einen Windstoß vor der fliegenden Plastiktüte erschrickt, wird das Fohlen instinktiv weg von der Gefahr, aber damit auf Sie springen. Reagieren Sie frühzeitig und wechseln die Seite!

Ihr Fohlen beherrscht jetzt alle Basics, die ein Pferd in seinem Alter können sollte. Das nächste Kapitel baut auf diesem Ausbildungsstand auf.

bereit FÜR DIE VORSCHULE

„Der Ausdruck eines Pferdes
ist wie der Duft einer Blume, ist
er einmal verflogen, kehrt er nie
wieder zurück."

unbekannt

Die Grundvoraussetzung, dass man mit dem Vorschultraining beginnen kann, ist nicht allein das Alter des Pferdes (circa zwei Jahre), sondern auch, dass das Jungpferd die im vorhergehenden Kapitel beschriebenen Lektionen bereits beherrscht. Aber natürlich können außergewöhnliche Umstände es auch notwendig machen, einen Trainingspunkt vorzuziehen.

Von der Herde separieren

Es kann sehr unangenehm und vor allem unpraktisch sein, wenn ein Pferd an seinen Kumpeln klebt und nicht allein sein kann. Daher empfehle ich, das Trennen von der Herde ab einem gewissen Alter immer wieder zu üben. Beginnen Sie wieder mit kleinen Schritten – zum Beispiel entfernen Sie sich zunächst innerhalb der Koppel von der Herde. Wichtig ist, dass Sie nur so weit weggehen, wie sich Ihr Pferd und Sie selbst sicher und wohlfühlen. Ihr Fohlen soll das Separieren von der Herde als positives Ereignis abspeichern. Verlängern Sie dann die Entfernung von den Herdenmitgliedern und die Zeit, in der es mit Ihnen allein ist.

TIPP

Nehmen Sie Ihr Stimmkommando auch schon beim Anführen, Antraben sowie Durchparieren mit dazu. Es hilft Ihnen später beim Anreiten aus dem Sattel.

Spaziergänge allein

Die Regeln, die ich für die Spaziergänge zu zweit im vorherigen Kapitel beschrieben habe, sollten auch beim Spazierengehen ohne zweites Pferd aus Sicherheitsgründen eingehalten werden.

Den ersten Schritt für das Spazierengehen ohne Zweitpferd haben Sie ja schon gemacht, indem Sie das Trennen von der Herde geübt haben. Als Nächstes sollte, wenn möglich, ein Gang um die Koppeln herum folgen. Gehen Sie einen Weg mehrere Male hintereinander, und erst, wenn Sie und Ihr Pferd dabei völlig entspannt sind, erweitern Sie die Runde um fünf Minuten. Wichtig ist, dass Sie nur dann die Spazierrunden ohne Zweitpferd beginnen, wenn Sie ein gutes Bauchgefühl haben. Lassen Sie sich nicht von Stallkollegen zu etwas überreden, wovon Sie selbst nicht überzeugt sind. Sie haben die engste Beziehung zu Ihrem Pferd, keiner kennt es besser als Sie.

Sehr hilfreich ist es oft, wenn anfangs eine zweite Person mit einem eigenen Führstrick Sie begleitet. Sollten Sie in eine Situation kommen, die heikel werden könnte, hängt die Begleitperson auf der anderen Seite den Strick ins Halfter ein, sodass Ihr Pferd beidseitig geführt wird. So fühlen Sie sich gleich sicherer und können dieses Gefühl auf Ihr Pferd übertragen. Und im Notfall hält man ein Pferd zu zweit tatsächlich leichter. Allerdings werden Sie von Spaziergang zu Spaziergang merken, wie sich Ihr Pferd mehr und mehr auf Sie konzentriert, dabei immer entspannter wird und die zweite Person nicht mehr notwendig ist. Wählen Sie warme Tage (über 20 Grad) für den Anfang oder/und einen Zeitpunkt, nachdem Ihr Pferd seine Energie bereits loswerden konnte.

Wenn die Beziehung gefestigt
ist, können Sie die Welt zu
zweit erkunden.

(Foto: Claudia Rahlmeier)

Entspanntes Einsteigen in den
Hänger will gelernt sein.

(Foto: Christiane Slawik)

Wenn das Spazierengehen auch ohne Zweitpferd zur Routine geworden ist, können Sie auch einmal ein Stück an der Hand traben. Ihr Jungpferd soll dabei weiterhin seitlich hinter Ihnen bleiben. Auch das Tempo geben Sie vor. Hält es sich nicht an diese Regeln, will vielleicht überholen und sich ausbuckeln, parieren Sie sofort durch – das Stoppen ist die negative Konsequenz auf sein unerwünschtes Verhalten – und setzen den Spaziergang im Schritt fort.

Verladetraining

Verladen ist für manche Pferde eine leichte Übung, bei anderen dauert es eine Weile, bis sie davon überzeugt sind, dass das Einsteigen in den Hänger keine Gefahr bedeutet. Immerhin ist der Pferdehänger ein enger, dunkler, geschlossener Raum. Erwarten Sie nicht, dass das Verladen einfach zu funktionieren hat, sondern sehen Sie es als einen Teil der Jungpferdeausbildung. Traumatisierte Tiere oder Pferde, die erst einmal erkannt haben, dass sie entscheiden können, ob sie in den Hänger gehen oder nicht, sind weit schwieriger zu korrigieren, und oft sind dann einige weitere Trainings notwendig.

Ob Sie ambitionierter Turnier- oder Wanderreiter sind – jedes Pferd sollte sich verladen lassen. Es kann immer zu einer unerwarteten Situation kommen, in der die Zeit zählt und Sie so schnell wie möglich mit Ihrem Pferd in die nächste Klinik müssen. So gesehen sollte jeder Pferdebesitzer diese Lektion zum Wohl seines Pferdes angehen. Hier einige wichtige Tipps:

CHECKLISTE VERLADEN

- Nehmen Sie sich für Verladetrainings immer ausreichend Zeit.
- Verwenden Sie einen geräumigen, hellen Anhänger.
- Überprüfen Sie vorher, ob die Gegend, wo der Hänger steht, und das Material, das Sie verwenden, sicher sind.
- Anfangs erleichtern Sie es Ihrem Jungpferd sehr, wenn ein älteres, verladefrommes Pferd vorab auf den Hänger geht.
- Beobachten Sie gut und üben in kleinen Schritten, die Sie immer erst wieder festigen.
- Überlisten Sie Ihr Jungpferd nicht, indem Sie zum Beispiel schnell die hinteren Stangen schließen. Beim zweiten Mal wird Ihr Pferd sofort rückwärtsgehen, sobald sich eine Person von hinten nur annähert.
- Verankern Sie positive Bilder im Gehirn Ihres Youngsters, zum Beispiel indem er sein Lieblingsfutter nur am beziehungsweise im Anhänger bekommt.
- Holen Sie sich lieber frühzeitig einen Profi, wenn Sie merken, dass das Training problematisch wird. Korrigieren ist immer schwieriger!

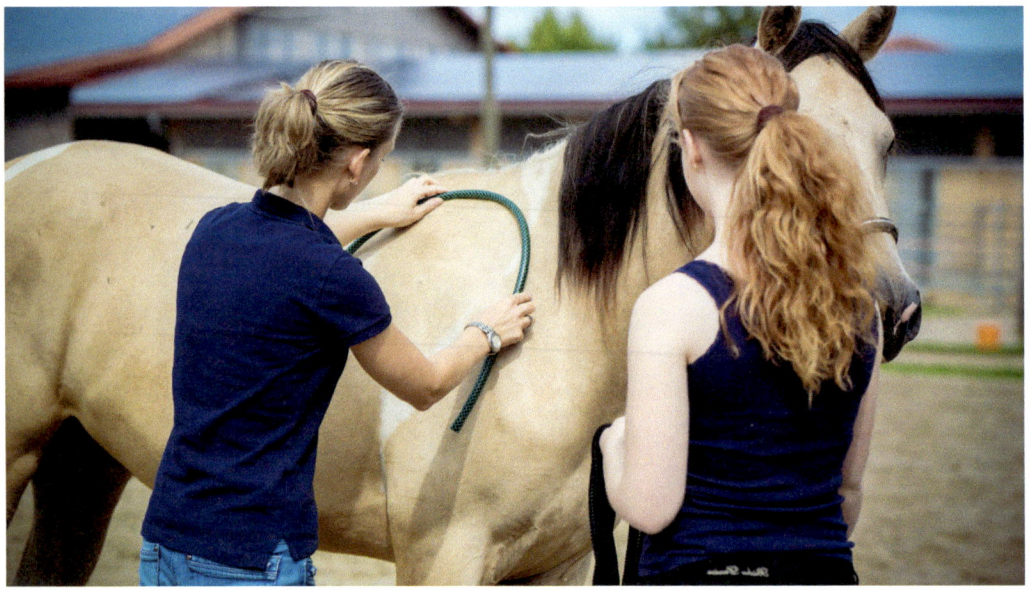

So gewöhnt sich Ihr Jungpferd an die Berührung mit dem Schlauch. (Foto: Claudia Rahlmeier)

Gelassenheitstraining

Fohlen oder Jungpferde haben zunächst nur wenige Erfahrungen. Viele neue Situationen und Dinge beunruhigen sie, weil sie nicht wissen, was auf sie zukommt. Durch das Gelassenheitstraining lernt Ihr Pferd Neues kennen und wird immer erfahrener und ruhiger. Auch Sie selbst können das Verhalten Ihres Pferdes dadurch immer besser einschätzen.

TIPP

Bitte führen Sie alle Gelassenheitsübungen am Anfang in einer für alle sicheren Umgebung durch – beispielsweise in einer Reithalle, auf einem eingezäunten Reitplatz oder in einem Round-Pen.

Abspritzen

Sich-abspritzen-Lassen ist eine Basislektion, die jedes Pferd beherrschen sollte. Da mir der Dialog zwischen Mensch und Pferd sehr wichtig ist, spritze ich eine Wasserratte ausgiebiger ab als ein Pferd, das Wasser nicht mag. Hier mache ich nur das Nötigste.

Es müssen nicht alle beschriebenen Schritte an einem Tag erreicht werden. Schauen Sie, wie weit Sie kommen, und beenden das Training gut, wenn möglich noch bevor die Konzentration Ihres Pferdes nachlässt. Dann gönnen Sie ihm einen Eimer mit seinem Lieblingsfutter.

Für das erste Mal Abspritzen wählen Sie am besten einen warmen oder sogar heißen Tag. Idealerweise haben Sie einen Helfer, der Ihr aufgehaltertes Jungpferd festhält. Sie nehmen sich einen Eimer mit warmem Wasser, tauchen einen Schwamm ein, drücken ihn gut aus und beginnen damit die Beine abzustreichen. Wenn Ihr Fohlen brav steht, loben Sie es ausgiebig mit der

Stimme. Sollte es die Beine immer wieder wegziehen, bleiben Sie mit dem Schwamm so lange am Bein, bis es dieses wieder abgestellt hat und stehen bleibt. Oft beobachte ich, dass gerade dann der Schwamm weggenommen wird, wenn das Pferd nicht stehen bleibt. In diesem Augenblick lernt es jedoch: Wenn ich mich wegdrehe, entkomme ich dem Schwamm beziehungsweise der Gefahr.

Halten Sie das Wassertraining kurz, wenn Sie einen Wassermuffel haben, und enden Sie an einer positiven Stelle. Wenn Sie dagegen einen Wasserliebhaber haben, können Sie das Training beim ersten Mal schon etwas ausweiten, indem Sie den Schwamm von Mal zu Mal weniger ausdrücken.

Der nächste Schritt ist das Bekanntmachen mit dem Schlauch. Dazu nehmen Sie am besten ein Stück Schlauch, das nicht befestigt ist (Länge ein bis zwei Meter), und streichen Ihr Pferd damit erst einmal am ganzen Körper ab. Bevor Sie mit dem Training weiter fortfahren, sollte Ihr Pferd dies total entspannt geschehen lassen.

Im letzten Schritt setzen wir die zwei kleinen Teilschritte zusammen. Ihr Helfer hält Ihr Pferd. Sie halten den Schlauch vom Pferd weg und drehen das Wasser auf – aber nicht gleich mit vollem Druck, sondern so, dass ein weicher Strahl herauskommt. So kann Ihr Pferd alles erst einmal neugierig beobachten.

Wenn Ihr Fohlen Wasser mag und ganz entspannt neben Ihnen steht, können Sie direkt anfangen, es an den unteren Vorderbeinen abzuspritzen. Wenn es brav stehen bleibt, nehmen Sie den Schlauch immer wieder weg. Haben Sie ein Pferd, das Wasser überhaupt nicht mag oder Angst davor hat, kommen Sie in kleinen Schritten mit dem Schlauch näher. Bleibt es brav stehen, nehmen Sie den Schlauch als Lob wieder weg. Es kann sein, dass Sie an den ersten Tagen

damit beschäftigt sind, den Abstand zwischen Schlauch und Pferd zu minimieren, bevor Sie überhaupt mit dem tatsächlichen Abspritzen beginnen können. Auch wenn es in noch so kleinen Schritten vorangeht – wichtig ist, dass Sie jedes Training positiv beenden.

Einsprühen

Als Vorbereitung auf das Einsprühen streichen Sie Ihr Jungpferd mit der Sprühflasche, die mit Wasser gefüllt ist, am ganzen Körper ab.

Wenn dies von beiden Seiten gut funktioniert, platzieren Sie sich ein paar Meter von Ihrem Pferd entfernt und sprühen in die Luft, sodass das Fohlen erst einmal nur das Geräusch wahrnimmt. Erst wenn es auf beiden Seiten trotz des Geräuschs entspannt – und das kann bei nervösen Pferden einige Trainings dauern –, beginnen Sie ein- bis zweimal auf das Mähnenhaar zu sprühen. Der Vorteil ist, dass Ihr Pferd nur das Geräusch hört, aber nichts spürt. Steht Ihr Pferd brav, entfernen Sie sich umgehend ein bis zwei Meter und loben es mit der Stimme ausgiebig. Dann nähern Sie sich wieder Ihrem Pferd und wiederholen die gleiche Übung mehrere Male hintereinander. Steht es nach wie vor ruhig und entspannt, können Sie beginnen, auch einmal am Widerrist oder am Hals zu sprühen. Dreht es sich jetzt weg und will sich entziehen, sollten Sie unbedingt versuchen, weiter sprühend am Pferd zu bleiben und erst in dem Moment zu stoppen, wenn Ihr Pferd stehen bleibt. Die Aufgabe des Helfers ist es, das Pferd am Führstrick zu halten, sodass es sich nur um ihn herumdrehen kann. Denken Sie daran, dass Sie nicht zu lange trainieren und auch hier positiv enden. Bei den nächsten Trainings weiten Sie die Anzahl der Sprühstöße aus, bis Sie Ihr Jungpferd ohne Probleme komplett einsprühen können.

Nach einer guten Vorbereitung ist auch das Abspritzen an sich kein Problem mehr.
(Foto: Claudia Rahlmeier)

Gibt es Probleme beim Einsprühen mit Fliegenspray, mag Ihr Pferd möglicherweise den Geruch nicht. (Fotos: Claudia Rahlmeier)

Mit jedem beängstigenden Gegenstand, an den Sie Ihr Pferd gewöhnen, wächst die Bindung und das gegenseitige Vertrauen. (Foto: Claudia Rahlmeier)

Scheren

Sobald der Herbst vor der Tür steht und die Tage kürzer werden, beginnen Pferde ihr Winterfell zu entwickeln. Dies dient als natürlicher Schutz gegen Regen, Kälte und Schnee im Herbst und Winter. Aus Gründen der Zeitersparnis scheren viele Reiter ihre Pferde, weil sie dann weniger schwitzen. Für das erste Scheren stellen Sie Ihr Pferd an einen ruhigen Platz, den es kennt – zum Beispiel an den Putzplatz.

Zuerst schalten Sie nur die Schermaschine an und gewöhnen Ihr Pferd an das Geräusch. Als zweiten Schritt setzen Sie das Gerät nur mit der Rückseite auf dem Fell Ihres Pferdes auf. So spürt es das Vibrieren des Geräts und kann sich an das Gefühl und das Geräusch gewöhnen. Steht Ihr Pferd entspannt, dann drehen Sie die Schermaschine um und beginnen mit dem Rasieren an einer gut bemuskelten Stelle, zum Beispiel am Hals. Wichtig ist, dass Sie Ihr Pferd nie schneiden. Bitte seien Sie sehr vorsichtig, wenn Sie an schwierigeren, weniger bemuskelten Stellen scheren. In diesem Fall geht Sicherheit vor Schönheit!

Plane, Regenschirm und Co.

Eine herumliegende Plastiktüte, ein Spaziergänger mit Regenschirm oder Kinder, die Fußball spielen – solche Situationen können einem beim Ausreiten jederzeit begegnen. Bereitet man sein Pferd auf solche Dinge vor, kann man auch selbst in der Situation viel entspannter bleiben. Ihr Jungpferd wird Ihre innere Ruhe spüren und ebenfalls viel relaxter reagieren. Aber Achtung:

Planen begegnen einem im Gelände häufiger, als man denkt – und sie liegen nicht nur am Boden.
(Foto: Claudia Rahlmeier)

Nur weil Ihr Pferd auf dem hofeigenen Platz keine Angst mehr vor einer Folie oder Plane hat, heißt das noch nicht, dass es nie mehr Angst vor einem solchen Gegenstand haben wird. Je öfter Ihr Pferd jedoch an unterschiedlichsten Stellen auf Planen oder Ähnliches stößt und abspeichern kann, dass diese nicht gefährlich sind, desto entspannter wird es bleiben.

Das Vorgehen, um Ihrem Fohlen die Angst vor unbekannten Gegenständen zu nehmen, ist immer gleich: Beispielhaft beschreibe ich es für die Plane und den Regenschirm.

TIPP

Seien Sie darauf vorbereitet, dass Ihr Pferd beim ersten Mal einen Sprung über die Plane macht oder die Flucht nach vorn antritt. Achten Sie daher darauf, dass Ihr Pferd klar neben und nicht in Ihrem Windschatten geht.

Die Plane

Für Ihr Fohlen und Sie ist es leichter, wenn Sie ein erfahrenes, gelassenes Pferd mit einem Helfer zur Verfügung haben. In diesem Fall soll dieser mit dem erfahrenen Pferd voraus über die Plane (drei mal drei Meter) gehen und Sie schließen sich mit Ihrem Youngster an. Oft ist dann die anfängliche Angst schnell gebannt. Gehen Sie mit dem Kumpel einige Male von beiden Seiten über die Plane, bis auch Ihr Pferd in Ruhe darübertritt. Dann versuchen Sie es allein. Geht das Pferd nicht gleich mit, bleiben Sie ruhig und geben ihm Zeit. Bevor Sie ins Ziehen geraten, lassen Sie lieber noch einmal das ältere Pferd den Anführer spielen. Funktioniert das gut, halten Sie Ihr Pferd auch einmal auf der Folie stehend an, loben es und gehen wieder weiter. Wenn Sie nicht die Möglichkeit haben, mit einem zweiten Pferd zu üben, falten Sie die Plane erst einmal so schmal, dass sie ungefähr ein Maß von drei Meter auf 20 Zentimeter hat, und führen Ihr Pferd an die Plane heran, wenn möglich auch darüber.

Führen Sie es so oft über die Plane, bis es ruhigen Schrittes neben Ihnen geht. Zunächst muss Ihr Pferd die Folie dabei noch nicht berühren. Im nächsten Schritt falten Sie die Plane ein Stück weiter auf, auf ein Maß von etwa drei Meter auf 30 Zentimeter, und führen Ihr Pferd wieder über die Plane. Sie selbst treten bewusst auf die Plane, sodass sich Ihr Pferd an das Geräusch gewöhnen kann. Wenn es die Plane erst einmal beriechen und sie erforschen möchte, lassen Sie das zu und fordern Sie es dann noch einmal auf mitzukommen. Manche Pferde gehen sofort über die Folie, manche brauchen einige Tage. Sollte Ihr Pferd jedoch jedes Mal über die Plane springen, öffnen Sie die Plane gleich komplett, sodass es nicht mehr zum Springen animiert wird.

Klappt das Über-die-Plane-Gehen auf dem Platz gut, legen Sie die Folie und/oder die Plastiktüte an verschiedene Orte am Hof und führen Ihr Pferd daran vorbei. Am besten nehmen Sie ganz unterschiedliche Planen zum Üben, beispielsweise eine Malerplane, eine Abdeckfolie, Einkaufstüten oder Müllsäcke. Mit jeder positiven Erfahrung wird der Lerneffekt besser im Gehirn Ihres Pferdes verankert.

Der Regenschirm

Der Schirm ist für viele Pferde ein Angst einflößender Gegenstand. Im besten Fall hält ein Helfer Ihr Pferd fest, wobei das Seil locker durchhängt, solange Ihr Pferd ruhig steht. Der Regenschirm sollte so klein wie möglich zusammengeschoben und fest zugebunden sein. Starten Sie mit Berührungen am Widerrist: Bleibt Ihr Pferd brav stehen, nehmen Sie den Schirm wieder weg. Will es sich vor dem Schirm wegdrehen, bleiben Sie damit so lange am Pferd, bis es wieder steht. Dann nehmen Sie den Schirm sofort weg. Hier ist das Timing sehr wichtig. Je besser Ihre Reaktionszeit ist, desto schneller versteht Ihr Pferd, dass es entspannen kann. Wenn es die Berührung am Widerrist erlaubt und stehen bleibt, beginnen Sie langsam Ihre Kreise zu erweitern: So gehen Sie mit dem Schirm ein Stück am Hals hoch, wieder zum Widerrist zurück, ein Stück am Rücken entlang und wieder zurück und so weiter. Zwischendurch nehmen Sie den Schirm immer wieder weg und loben Ihr Pferd ausgiebig. Wenn die linke Seite gut funktioniert, wechseln Sie auf die rechte Seite und verfahren wie gehabt.

TIPP

Wenn Sie auf der linken Seite anfangen, dann sieht Ihr Pferd den Schirm mit dem linken Auge. Achten Sie darauf, dass Sie mit dem Schirm nicht über die Mittellinie des Pferdes kommen. Sonst sieht es den Schirm plötzlich mit dem rechten Auge, könnte erschrecken und in Ihre Richtung springen.

Zuerst streichen Sie Ihr Jungpferd mit
dem geschlossenen Schirm ab.

(Foto: Claudia Rahlmeier)

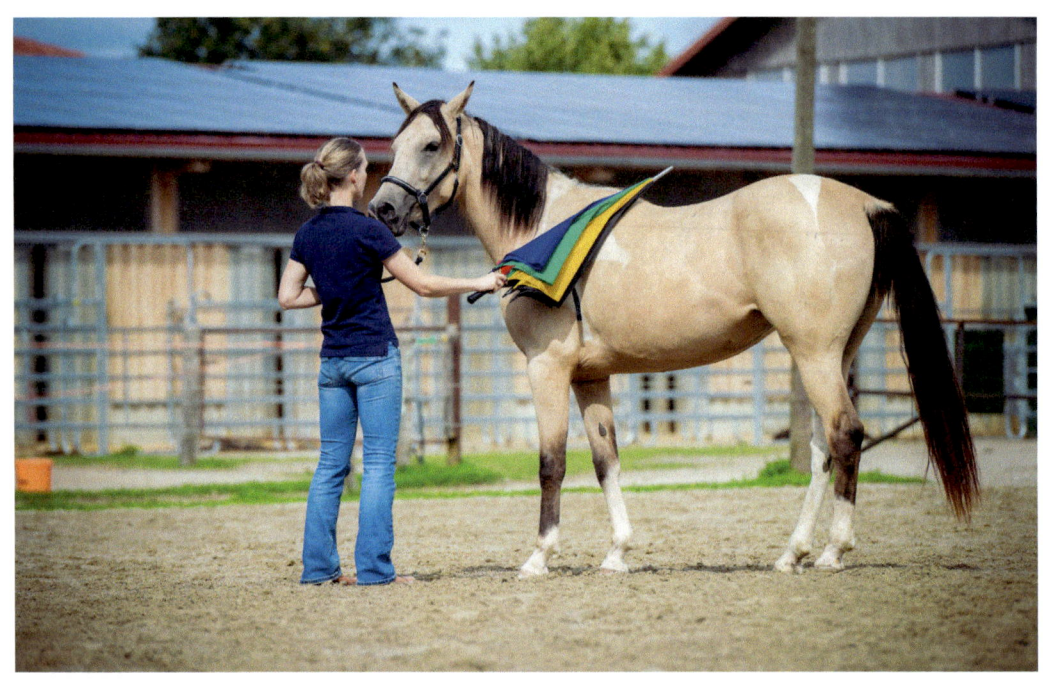

Schritt für Schritt zum gelassenen Pferd. (Fotos: Claudia Rahlmeier)

Das nächste Teilziel ist es, den Binderiemen des Schirms zu lösen und ihn dadurch etwas größer werden zu lassen. Aber spannen Sie den Schirm zu Beginn noch nicht gleich ganz auf. Jetzt streichen Sie Ihr Jungpferd wieder auf beiden Seiten am ganzen Körper ab. Steht es entspannt da, können Sie einen Schritt weitergehen. Regt es sich auf, heißt es, noch mal einen Schritt zurückzugehen und den Schirm wieder abzubinden. Lieber erreichen Sie an diesem Tag nur, dass Sie Ihr Pferd mit dem komplett geschlossenen Regenschirm abstreichen können, und fahren mit dem nächsten Teilschritt erst am darauffolgenden Tag fort.

Als Nächstes spannen Sie den Schirm langsam auf (bitte nicht aufspringen lassen) und nähern sich mit dem geöffneten Schirm Ihrem Pferd. Da der aufgespannte Schirm für das Tier weit beängstigender als der geschlossene ist, reicht es, wenn Sie am Anfang nur in die Nähe Ihres Pferdes kommen. Bleiben Sie stehen, wenn Ihr Pferd immer ängstlichere Augen bekommt, den Körper verkrampft, es noch steht, aber bereit ist, jeden Moment zu fliehen. Dann gehen Sie vor, wie schon beschrieben: Bleibt Ihr Pferd stehen, nehmen Sie den geöffneten Schirm als Lob wieder weg. Dreht es sich weg, bleiben Sie am Pferd, bis es stehen bleibt. Auf diese Art und Weise arbeiten Sie sich langsam dazu vor, Ihr Pferd mit dem geöffneten Regenschirm zu berühren: anfangs wieder auf Höhe des Widerrists, zum Schluss am ganzen Körper. Wenn diese Übung sitzt, können Sie den ersten kleinen Spaziergang mit geöffnetem Schirm und dem Jungpferd an Ihrer Seite unternehmen.

Autos, Motorräder und Traktoren

Als zuverlässiger Freizeitpartner sollte Ihr Pferd sicher im Straßenverkehr zu führen und später zu reiten sein. Auf den allerersten Spaziergängen, auch mit erfahrenem Zweitpferd, sollte man Straßen so weit wie möglich meiden. Erst mit aufkommender Routine ist es ratsam, sein Jungpferd mit fahrenden Autos, aufheulenden Motorrädern und großen Traktoren zu konfrontieren. Wichtig ist, dass das gelassene, erfahrene Zweitpferd absolut straßensicher ist, da sich dann seine Ruhe auf Sie und Ihr Pferd überträgt.

Pferde haben grundsätzlich vor allem Angst, was sich Ihnen von hinten schnell nähert. Ein entgegenkommendes Auto macht dem Jungpferd weit weniger aus. Daher suche ich zusammen mit dem Führer des Zweitpferdes wenn möglich eine Nische – zum Beispiel eine Einfahrt – und führe es so hinein, dass es im 90-Grad-Winkel zum heranfahrenden Fahrzeug steht. Sollten Sie ein Jungpferd haben, das sich besonders vor Autos fürchtet, können Sie eine Übungssituation mit unterschiedlichen Fahrzeugen in Form, Farbe und Geräusch auf einem Feld- oder Privatweg nachstellen.

TIPP

Ich kann Sie nur ermutigen, immer wieder solche schwierigen Situationen anzugehen. Stellen Sie sich den Herausforderungen. Die Vermeidetaktik verändert nichts zum Positiven!

Medical Training, Teil II

Ein Desinfektionsspray dürfte kein Problem darstellen, wenn Sie bereits das Einsprühen mit Antiinsektensprays geübt haben (siehe Gelassen-

Mit dieser Vorgehensweise bleiben auch Sie im Straßenverkehr gelassen. (Fotos: Claudia Rahlmeier)

Zum Üben können Sie auch eine Bandage aus dem Humanbereich verwenden. (Foto: Claudia Rahlmeier)

heitstraining). Achten Sie bitte darauf, dass das Desinfektionsspray nicht auf der Haut brennt.

Um Ihr Fohlen darauf vorzubereiten, dass Sie ihm einen Verband anlegen, verwenden Sie für den Anfang eine kurze Bandage von circa 75 bis 100 Zentimetern Länge mit Klettverschluss. Dazu können Sie zum Beispiel von einer längeren Bandage ein Stück abschneiden. Denn gerade bei den ersten Versuchen wird Ihr Pferd nicht so geduldig sein und ungern mehrere Minuten stehen bleiben, bis Sie eine normale Bandage abgewickelt haben. Mit einer kurzen haben Sie und Ihr Pferd viel schneller ein Erfolgserlebnis.

Geländetraining an der Hand

Das Geländetraining an der Hand verfolgt mehrere Ziele. Zum einen wird Ihr Jungpferd weiter mit fremden Situationen konfrontiert und mit jedem positiven Erlebnis ein Stück gelände- und trittsicherer. Zum anderen stärkt man durch das Training sowohl die Muskulatur seines Pferdes als auch die eigene. Außerdem bietet Geländetraining viel Abwechslung: Bei der Bodenarbeit in der Halle sind vor allem die jüngeren Pferde oft schnell gelangweilt und es wird schwierig, immer wieder etwas Neues anzubieten. Der große

Training für Mensch und Pferd! (Foto: Claudia Rahlmeier)

Vorteil am Geländetraining hingegen ist, dass die Pferde Spaß dabei haben, viel sehen, erleben und sich gleichzeitig trainieren.

Berg- und Tiefschneetraining

Suchen Sie für sich, aber auch für Ihr Pferd anfangs eine noch nicht so anstrengende, kürzere Route mit kleineren Bergen aus, die Sie von Training zu Training ausbauen können. Für die Runde an sich gelten die gleichen Regeln wie beim Spazierengehen allein. Beim Hochgehen der Berge ist zu beachten, dass Ihr Pferd weiterhin neben Ihnen im Schritt geht. Da es für die Pferde im Schritt anstrengender ist, bevorzugen sie von sich aus eine schnellere Gangart. Aber gerade im Schritt müssen sie mit der Hinterhand anschieben – und das ist der Trainingseffekt, der insbesondere die Rücken-, Bauch- und Hinterhandmuskulatur kräftigt.

Das Tiefschneetraining ist Pferdebesitzern vorbehalten, die in einer schneereichen Region leben. Der Schnee sollte Ihrem Pferd mindestens bis zur Mitte des Röhrbeins reichen (circa 30 Zentimeter, abhängig von der Rasse und Größe des Pferdes). Bei weniger Schnee ist der Trainingseffekt nicht wirklich gegeben. Bei zu viel Schnee werden

Ist die Scheu überwunden, macht das Laufen im Wasser Spaß!

(Foto: Christiane Slawik)

Pferde dagegen unsicher und unruhig: Der Schnee sollte maximal bis knapp oberhalb des Vorderfußwurzelgelenks reichen. Außerdem dürfen die Wege keinesfalls vereist sein. Entscheiden Sie sich für eine kürzere bis mittellange Runde. Denn auch für Sie selbst ist das Tiefschneetreten sehr anstrengend. Das Training ist so effektiv, weil Ihr Pferd die Beine von sich aus weit höher hebt als beim normalen Laufen. Man muss es dazu noch nicht einmal auffordern. Und vor allem macht vielen Pferden dieses Training sehr viel Spaß. Beschlagene Pferde sollten Grip in den Hufeisen haben, damit es nicht zum Aufstollen kommen kann. Sonst könnten die Pferde ins Rutschen geraten.

Wassertraining

Das Wassertraining ist gleichzeitig ein Test, der zeigt, wie weit Ihr Jungpferd Ihnen bereits vertraut. Viele junge Pferde haben erst einmal Angst vor der Tiefe des Wassers. Am besten wählen Sie für den Beginn des Trainings einen warmen Tag. Wenn Sie am Trainingsort angekommen sind, bitten Sie zuerst Ihren Helfer, mit dem wassererfahrenen Pferd in den Bach zu gehen. Sie positionieren sich zusammen mit Ihrem Jungpferd so, dass Ihr Pferd alles mitbekommt. Bleibt Ihr Pferd entspannt, führen Sie es an den Rand des Baches heran, sodass es erst einmal riechen oder trin-

ken kann. Ist es sehr nervös, verweilen Sie dort, bis es entspannt – ohne es weiter aufzufordern, tatsächlich ins Wasser zu gehen. Hat es sich beruhigt, dann beenden Sie das Training für diesen Tag.

Ist Ihr Jungpferd ruhig, trinkt und schnuppert, dann gehen Sie ein Stück ins Wasser und fordern Ihr Pferd damit auf, mit Ihnen zu kommen. Achten Sie dabei bitte besonders darauf, dass Ihr Pferd neben und nicht hinter Ihnen ist: Manche Pferde machen einen Sprung ins Wasser oder versuchen, das Wasser zu überspringen. Nehmen Sie sich für jedes Wassertraining genügend Zeit, ziehen Sie nicht, sondern warten Sie mit Geduld den Zeitpunkt ab, bis Ihr Pferd von sich aus hineingeht. Dann wird es das Erlebnis positiv im Gedächtnis behalten. Wiederholen Sie diese Übung immer wieder, bis Sie auch ohne Helfer mit Ihrem Jungpferd ins Wasser gehen können.

Hat der Bach, an dem Sie üben, maximal 50 Zentimeter Tiefe, können Sie Ihr Pferd auch einige Minuten im Bach führen. Durch den Wasserwiderstand müssen sich die Pferde mehr abdrücken und ihre Beine höher nehmen, was auch Muskulatur aufbaut.

Wurzeltreten und um Bäume biegen

Suchen Sie sich eine Spazierrunde durch den Wald, in dem kleinere Bäume umgefallen und liegen gelassen worden sind. Diese umgefallenen Bäume – der Baumdurchmesser sollte nicht größer als 20 Zentimeter sein – kann man als natürliche Stangen nutzen. Auch hier hebt das Pferd beim Übersteigen der Bäume die Beine höher als gewöhnlich. Dies stärkt wie beim Schneetraining die Bauch- und Rückenmuskulatur Ihres Jungpferdes und steigert die Trittsicherheit.

Zwischen dem Übertreten der Bäume suchen Sie sich immer wieder stehende Bäume aus, um

TIPP

Beenden Sie das Training nicht im nervösen Zustand. Dabei würde kein positives Bild für ein nächstes Mal im Kopf Ihres Pferdes zurückbleiben.

Beim Geländetraining sind die meisten Pferde mit voller Motivation dabei. (Foto: Claudia Rahlmeier)

die Sie Ihr Pferd herumführen. Wählen Sie anfangs Bäume, die nicht zu dicht nebeneinanderstehen und keine tiefen Zweige besitzen, um die Augen Ihres Pferdes nicht zu gefährden. Achten Sie darauf, dass Sie das Tempo und die Richtung angeben.

Manche Pferde sind bei diesen Trainings anfangs aufgeregt, weil es unter ihren Hufen knackst oder ein Ast in ihrem Schweif hängen bleibt, den sie einige Meter hinter sich herschleifen. Bleiben Sie so gelassen wie möglich und enden Sie wie immer mit einem positiven Erlebnis.

TIPP

Achten Sie darauf, dass Ihr Pferd auch beim Überqueren der Bäume immer neben Ihnen geht – denn vielleicht steckt in Ihrem Youngster ein kleines Springpferd.

Passen Sie bitte auf, dass Sie nicht im Weg stehen, wenn Ihr Pferd losbuckelt. (Fotos: Claudia Rahlmeier)

Üben Sie anfangs nicht länger als fünf bis zehn Minuten, weil dies nicht nur ein körperliches Training ist, sondern auch Kopfarbeit, und weil das Konzentrationszeitfenster von jungen Pferden noch sehr begrenzt ist.

Neue Gegenstände kennenlernen

Die Decke
Ob ein Pferd eine Decke überhaupt braucht, darüber lässt sich diskutieren. Ob sinnvoll oder nicht, darauf will ich hier nicht weiter eingehen. Für alles lassen sich Vor- und Nachteile finden. Doch es kann in jedem Fall hilfreich sein, schon Ihr Jungpferd an eine Decke zu gewöhnen.

Streichen Sie Ihr Pferd anfangs mit einem größeren Handtuch am gesamten Körper ab.

Das dürfte kein Problem mehr darstellen. Anschließend legen Sie das Handtuch zusammengelegt auf circa 50 mal 50 Zentimeter auf den Pferderücken. Ist das Pferd ruhig, nehmen Sie es wieder weg und legen es dann erneut auf den Rücken. Dieses Auflegen sollte von der linken und von der rechten Seite entspannt funktionieren. Mit jedem Mal vergrößern Sie jetzt die Größe des Handtuchs, bis es zum Schluss ein großes Duschhandtuch ist, das links und rechts über dem Pferdrücken hängt. Sobald Ihr Pferd dies akzeptiert, ist es nicht mehr schwierig, eine leichte Pferdedecke aufzulegen. Loben Sie Ihr Pferd ausgiebig!

Der Longiergurt
Sie stehen auf der linken Pferdeseite auf Höhe der Sattellage und lassen ein langes Seil langsam über den Widerrist auf der rechten Pferdeseite

Ein Longiergurt, der nach hinten wegrutscht, kann ein Jungpferd traumatisieren. (Foto: Claudia Rahlmeier)

herunterlaufen. Um Ihrem Jungpferd zu signalisieren, dass das Seil ihm nichts tut, entfernen Sie sich einige Schritte von Ihrem Pferd und nehmen das Seil mit, sodass es vom Pferderücken gleitet. Das wiederholen Sie einige Male von beiden Seiten.

Für den nächsten Schritt stehen Sie wieder links auf Höhe der Sattellage und lassen das Seil auf der rechten Pferdeseite herunterbaumeln. Greifen Sie unter dem Bauch Ihres Jungpferdes nach dem Seilende und holen es sich so, als ob es das Ende des Longiergurts wäre. Wiederholen

Sie diesen Handgriff erneut einige Male. Lösen Sie das Seil nur dann, wenn Ihr Pferd ruhig steht. Geht es einige Schritte vor oder zurück, gehen Sie mit. Steht es brav, dann öffnen Sie das Seil und entfernen es ganz. So lernt es, dass es stehen bleiben und entspannen soll.

Als letzten Vorbereitungsschritt verfahren Sie wie eben beschrieben, nur dass Sie beginnen, die zwei Seilenden anfangs leicht, später stärker gegeneinanderzuziehen. Und auch hier gilt: Geht Ihr Pferd zurück, bleibt der Zug auf dem Seil erhalten. Bleibt es stehen, öffnen Sie das Seil und nehmen den Druck weg. Auch dies sollten Sie von beiden Seiten einige Male üben, bis Ihr Jungpferd unverkrampft die Übung mit Ihnen macht. Die Vorübung mit dem Seil bereitet auf das Anziehen des Gurts vor und verhindert einen Gurtzwang.

Als nächster Schritt folgt das Verschnallen des Longiergurts. Ich verwende aus Sicherheitsgründen trotz gründlicher Vorbereitung ein Vorderzeug. Dieses erlaubt mir, den Longiergurt bei den ersten Malen nicht so fest anziehen zu müssen, wie es normalerweise sein müsste, und trotzdem ein Verrutschen nach hinten zu verhindern. Ziehen Sie daher, bevor Sie den Longiergurt zur Hand nehmen, das Vorderzeug über den Pferdehals. Sie selbst positionieren sich wieder auf Höhe der Sattellage mit dem Gurt in der Hand und lassen ihn – genauso wie vorher das Seil – rechts langsam heruntergleiten. Dann gehen Sie auf die rechte Seite und befestigen das Vorderzeug am Longiergurt. Ist es fixiert, kehren Sie auf die linke Seite zurück und holen sich unter dem Bauch das Ende, verbinden es ebenfalls mit dem Vorderzeug und verschnallen den Gurt.

Sobald Sie den Longiergurt befestigt haben, lassen Sie Ihr Pferd frei und schicken es von sich weg. Viele Pferde versuchen den Gegenstand hinunterzubuckeln, wenn sie während des Laufens merken, dass sich etwas auf ihrem Rücken befindet. Lassen Sie Ihr Pferd in diesem Buckeln nicht allein, sondern unterstützen Sie es, indem Sie es weiter vorwärtstreiben. So wird es schnell mit dem Buckeln aufhören und spüren, dass es trotz Gurt entspannt laufen kann. Das ist der Punkt, an dem Sie es zu sich in die Mitte einladen. Folgt es der Einladung, nehmen Sie den Gurt als Lob ab. Das nächste Mal verschnallen Sie den Longiergurt von der rechten Seite aus und ziehen ihn einige Löcher fester an. Wenn Sie den Gurt so

anziehen können, dass er nicht mehr nach hinten wegrutschen kann, ist das Vorderzeug nicht mehr notwendig.

Erstes Satteln

Ein junges Pferd sollte beim Satteln nie angebunden werden. Denn der Körper eines Pferdes ist im Alter von drei bis fünf Jahren noch nicht ausgewachsen, und wenn ein Jungpferd beim Satteln angebunden ist, sich wehrt und zurückstößt, können Blockaden am Kopf, an der Halswirbelsäule bis zum Becken entstehen. Daher ist es sinnvoll, dass ein Helfer das Pferd hält, der dem Druck nachgeben kann, wenn das Pferd sich entziehen möchte.

Verwenden Sie für das erste Satteln ein möglichst leichtes Sattelmodell – zum Beispiel einen ausrangierten Rennsattel. Wenig Gewicht haben auch baumlose Sättel oder solche aus Synthetikleder. Der Sattel muss für den Anfang nicht hundertprozentig passen, darf aber auch nicht drücken oder stark rutschen.

Legen Sie im ersten Schritt eine Satteldecke auf den Rücken und dann den Sattel darauf. Bleibt Ihr Pferd brav stehen – meistens ist das der Fall, weil Ihr Pferd den Prozess vom Longiergurt schon kennt –, dann nehmen Sie beides in einem wieder vom Rücken Ihres Pferdes und wiederholen alles von der anderen Seite.

Im nächsten Schritt ziehen Sie Ihrem Jungpferd wieder das Vorderzeug an und legen ihm Satteldecke und Sattel auf den Rücken. Dann wechseln Sie die Seite, nehmen den Gurt herunter, befestigen das Vorderzeug und gehen wieder auf die linke Seite zurück. Holen Sie sich das Gurtende unter dem Bauch, befestigen das Vorderzeug auch auf dieser Seite und ziehen den Sattelgurt so an, dass er anliegt, aber noch Luft hat.

Hier haben wir beim ersten Mal
einen leichten, baumlosen Sattel verwendet.

(Foto: Claudia Rahlmeier)

Jetzt verfahren Sie genauso wie beim Longiergurt: Sie lassen Ihr Pferd frei und bringen es in den Trab. Buckelt es, dann unterstützen Sie es, indem Sie es vorwärtstreiben, bis es sich entspannt mit dem Sattel auf dem Rücken bewegt. Dies ist wieder der Punkt, an dem Sie es zu sich einladen, alles von seinem Rücken entfernen und es ausgiebig loben. Beim zweiten Mal Aufsatteln verfahren Sie wie beschrieben, nur dass Sie dieses Mal alles von der rechten Seite aus machen.

Das Vorderzeug verwenden Sie im Zweifelsfall lieber einige Male länger, bis Sie den Sattel so anziehen können, dass er trotz Buckeln und Luftablassen nicht mehr verrutschen kann. Gurten Sie trotzdem bei Jungpferden immer langsam Loch für Loch. So können Sie einen Gurt- oder Sattelzwang verhindern.

TIPP

Wichtig ist, dass Sie Ihr Pferd erst nach dem entspannten Laufen zu sich einladen, damit es mit dem Sattel ein positives Bild verknüpft.

nach JEDEM
TRAINING
... ODER AUCH MAL FÜR ZWISCHENDURCH

„Ich will alles daransetzen und mein Bestes geben, damit diese Pferde in ihrem freundlichen Wesen gut über mich urteilen und damit Harmonie walte, getragen vom Einvernehmen zwischen zwei Lebewesen."

Nuno Oliveira

*W*enn die Pferde mit Freude bei der Sache sind, geht das Training viel leichter von der Hand. Daher ist es wichtig, ein Gleichgewicht zwischen „Arbeit" und Spaß zu schaffen. Außerdem soll das Pferd mit der Halle, dem Round-Pen oder anderen Trainingsplätzen etwas Positives verbinden. Und Spielen hat immer etwas mit Freiwilligkeit zu tun: Zwang oder Leistungsdruck gibt es hier nicht. Daher stelle ich jetzt ein paar Anregungen und Ideen zur Auflockerung und Erheiterung von Mensch und Tier vor. Sie sind gefragt herauszufinden, was Ihrem Pferd am besten gefällt.

Wellnessmassage zur Entspannung

Wenn Sie zum Trainieren an einem eingegrenzten Ort waren und allein sind, dann nehmen Sie am Schluss Ihrem Youngster alle Gegenstände ab, auch das Halfter, und beginnen ihn zu kraulen. Für viele Pferde ist das Kraulen ein Hochgenuss, sie werden stehen bleiben, und wenn man sie lässt, zeigen sie sogar sehr genau, wo die guten Stellen sind. Wenn Ihr Pferd es zum Beispiel liebt, an der Schweifrübe gekrault zu werden, wird es Ihnen vielleicht sein Hinterteil zudrehen, wenn

TIPP

Wirklich genießen kann ein Pferd nur ohne Zwang. Es soll deshalb die Möglichkeit haben wegzugehen, wenn ihm zu viel wird. Geben Sie ihm diese Freiheit.

die Wellnesszeit beginnt. Dafür kann sogar das Futter warten.

Auch das Sich-wälzen-Lassen kann ein schöner Abschluss für ein Training sein. Das befreit von Juckreiz, massiert, durchblutet und schafft ein gutes Körpergefühl. Außerdem ist es ein Ausdruck von Vertrauen, von Sich-wohl- und -sicher-Fühlen. Denn ein sich wälzendes Pferd kann nicht so schnell fliehen.

Liebe geht durch den Magen

Nicht nur wir Menschen, sondern auch unsere Pferde schlemmen gern. Daher kann man Futter gut als Belohnung einsetzen. Allerdings rate ich aus zwei Gründen vom Füttern aus der Hand ab. Die Jungpferde könnten Leckerli aus der Hand als Aufforderung zum Spiel auffassen. Denn gerade für junge Hengste gehört gegenseitiges Beißen zum Spiel dazu.

Zudem züchtet man sich durch das Füttern aus der Hand notorische Bettler heran, die uns Menschen ständig auf Leckerli durchsuchen. Daher bekommen die Pferde bei mir ihr Futter immer aus einem Eimer oder in Form eines Futterspiels direkt am Trainingsplatz – nach der Arbeit. Durch das Kauen verarbeiten sie bereits die neuen Eindrücke, entspannen und verankern in sich ein positives Bild von Ort und Training.

Spaß muss immer wieder sein und gehört zu einem glücklichen Pferdeleben dazu. Gerade junge Tiere lieben es zu spielen. Sie verbessern dabei ihre Kondition, bauen Muskulatur auf, steigern ihr Reaktionsvermögen und ihre Geschicklichkeit, um im Notfall schnell flüchten zu können. Auch wird die Rangordnung im Spiel immer wieder ausgetestet. Doch nicht nur mit ihren Artgenossen, auch mit uns Menschen können Pferde

Animiert durch mein Kraulen bilden wir eine Kraulkette. (Foto: Claudia Rahmeier)

viel Freude haben: Jungpferde und Fohlen sind extrem neugierig und probieren sehr gern Neues aus. Damit das Pferd den Spaß am Spielen mit dem Menschen behält, ist jedoch sehr wichtig, dass das Spiel nur ein Angebot ist.

Die im Folgenden beschriebenen Spiele verbessern nicht die Kondition oder Muskulatur, sondern sollen Ihr Pferd dazu anregen, sich selbst eine Lösungsmöglichkeit zu suchen.

Apfel ertauchen

Führen Sie zunächst Ihr Fohlen oder Jungpferd an den Eimer mit Wasser heran und zeigen ihm den Apfel in Ihrer Hand. Bevor es abbeißen kann, legen Sie den Apfel ins Wasser und lassen das Pferd ausprobieren, wie es an den Apfel gelangen kann. Füllen Sie den Eimer bei den ersten Malen nur bis zur Hälfte mit Wasser. So ist es für das Pferd leichter, weil es den Apfel auf den Boden des Eimers drücken und fressen kann. Damit kein Frust aufkommt, helfen Sie ein bisschen nach, wenn die ersten Versuche misslingen sollten.

Belohnungsteppich

Breiten Sie zunächst einen Teppich oder alternativ ein Handtuch (ein mal zwei Meter) vor Ihrem Pferd aus, sodass es den neuen Gegenstand anschauen und beschnuppern kann. Dann schneiden Sie etwas Obst und Gemüse in kleine Stücke

Das Jungpferd hat den Leckerbissen erspäht.
(Foto: Claudia Rahlmeier)

Begeistert wird der Belohnungsteppich immer weiter aufgestubst. (Foto: Claudia Rahlmeier)

und legen es in einer Linie in der Mitte auf den Teppich. Lassen Sie sich dabei von Ihrem Pferd beobachten, aber noch nichts wegnaschen. Am Ende der Linie platzieren Sie eine ganze Karotte und einen ganzen Apfel als Hauptgewinn.

Im nächsten Schritt rollen Sie den Teppich vor den Augen Ihres Pferdes langsam zusammen. Am Ende soll noch ein Leckerbissen herausschauen, sodass der Teppich fast von allein ein Stück weiter aufrollt, wenn Ihr Pferd sich den ersten Bissen holt. Zeigen Sie jetzt auf die Leckerei und geben das Spiel frei. Ziel ist, dass das Pferd mit der Oberlippe Stück für Stück den Teppich aufrollt. Es gibt aber auch Pferde, die andere Wege gehen und den Teppich zum Beispiel mit dem Huf aufrollen. Wieder ein anderes nimmt den

Teppich ins Maul, schüttelt ihn aus und frisst dann alle Leckereien. Jede Lösung ist gut. Es gibt kein Richtig oder Falsch.

Um Frust zu vermeiden, können Sie beim ersten Mal auch etwas nachhelfen und den Teppich immer wieder ein kleines Stück weiter vor den Augen Ihres Pferdes ausrollen.

Überraschungskarton

Befüllen Sie einen Karton mit Heu, legen vor den Augen Ihres Pferdes Karotten, Äpfel und Bananen in die Mitte und klappen die Schachtel auf einer Seite zu. Um das Spiel freizugeben, zeigen Sie auf die Leckereien im Karton. Ziel ist es, dass Ihr Pferd die zugeklappte Seite wieder hochklappt. Auch hier gibt es unterschiedliche

Lösungsmöglichkeiten. Lassen Sie sich überraschen. Sie können den Schwierigkeitsgrad noch erhöhen, indem Sie zwei, drei oder vier Seiten des Kartons zuklappen.

Der Futterball

Wählen Sie einen befüllbaren Ball mit größerer Öffnung, damit Sie ihn gut mit Karotten- und Apfelstücken füllen können. Schneiden Sie Karotten- oder Apfelstücke so klein zurecht, dass die Stücke gut durch die Öffnungen des Balls passen, damit sie beim Herumrollen auch herausfallen. Befüllen Sie den Ball vor den Augen Ihres Pferdes mit den klein geschnittenen Stücken und lassen es daran riechen. So wird es schnell die Leckereien durch die Öffnung wahrnehmen. Dann legen Sie den Ball auf den Boden und lassen Ihr Pferd erst einmal allein versuchen.

Abschließend ist zu sagen, dass jedes Spiel seinen Reiz verliert, wenn man es zu häufig spielt. Man braucht sich deshalb nicht zu wundern, wenn Spielzeug, das in der Box liegt oder hängt, schnell keine Beachtung mehr findet. Damit es spannend und beliebt bleibt, sollten Sie Spielzeuge nur als Belohnung einsetzen und dann wieder mitnehmen.

Aufmerksam beobachtet das
Jungpferd, was ich da mache.

(Foto: Claudia Rahlmeier)

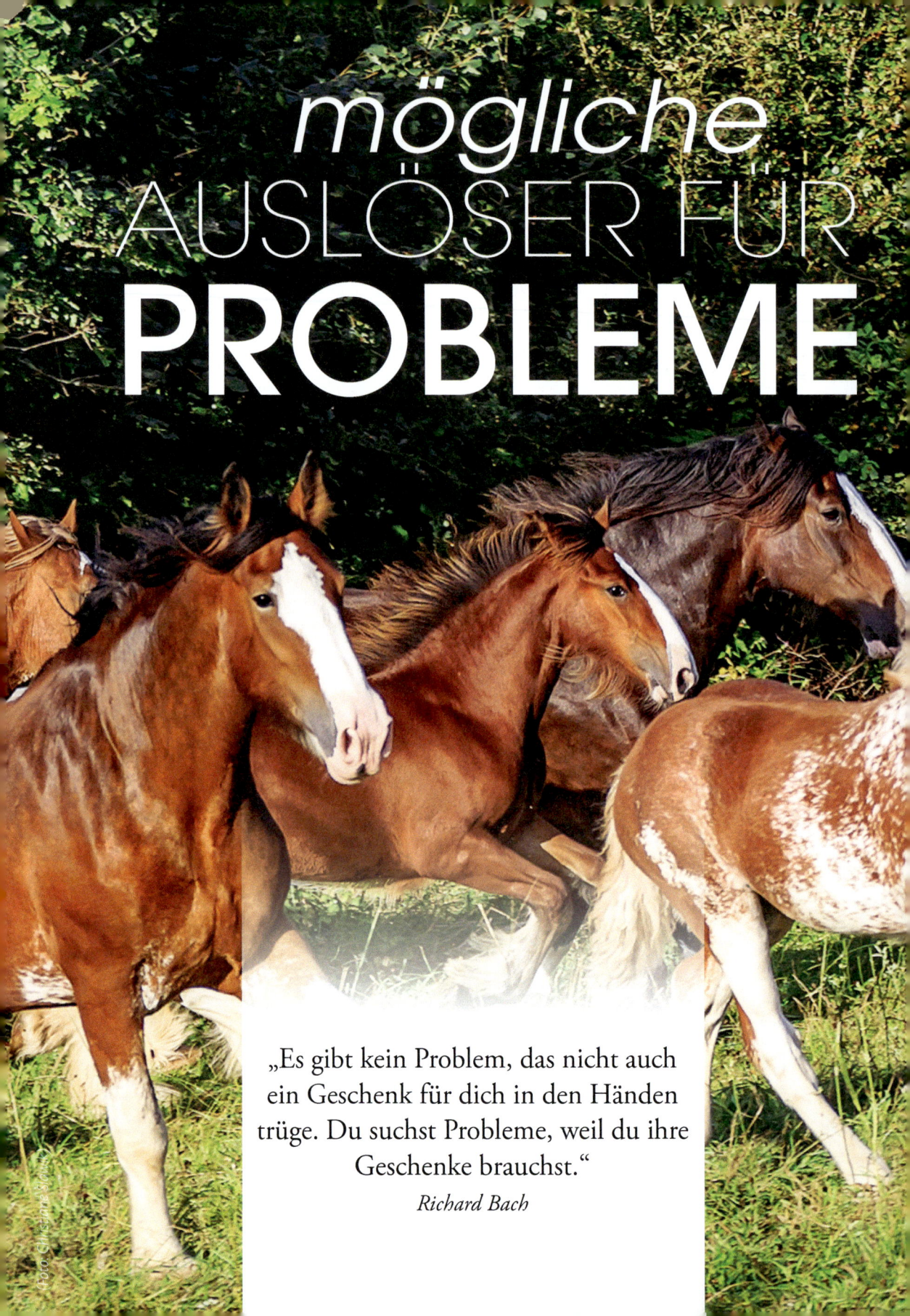

mögliche
AUSLÖSER FÜR
PROBLEME

„Es gibt kein Problem, das nicht auch ein Geschenk für dich in den Händen trüge. Du suchst Probleme, weil du ihre Geschenke brauchst."

Richard Bach

Jungpferdeaufzucht so nah wie möglich an der Natur. (Foto: Alessandra Kreibaum)

Die Auslöser von Problemen können sehr vielschichtig sein. In jedem Fall sollte man nach der Wurzel des Problems suchen und hier die Lösungsmöglichkeiten ansetzen, sonst wird das Problem nach kurzer Zeit wieder auftauchen oder durch ein anderes ersetzt.

Falsche Haltung und Fütterung

Hier zunächst ein Beispiel: Eine Pferdebesitzerin, die eine sehr gute und erfahrene Dressurreiterin ist, kontaktierte mich, weil sie ein Nachwuchs-

fohlen gekauft hatte und von Anfang an alles richtig machen wollte. Als ich dort ankam, führte sie mich voller Stolz zu ihrem Neuankömmling, einem acht Monate alten Stutfohlen bayerischer Abstammung. Die kleine Dame stand in einer circa zwölf Quadratmeter großen Box, in der Box daneben ein weiterer Absetzer. Beim näheren Betrachten sah ich, dass das Stutfohlen webte.

Hier ist die Wurzel des Problems eine falsche Haltung: Boxenhaltung ohne direkten Kontakt zu Artgenossen. Es fehlt an Bewegung und an sozialem Austausch wie gemeinsamen Spielen und Fellkraulen. Täglich sechs bis acht Stunden gemeinsam auf die Koppel stellen reicht nicht aus! Hat sich ein Pferd das Weben erst einmal über einen Zeitraum von mehreren Monaten angewöhnt, ist eine Behandlung meist schwierig. In dem von mir beschriebenen Fall hatte die Besitzerin die Möglichkeit, die Fohlen in einem kleinen Unterstand mit Paddock umzustellen. Im Sommer und bei gefrorenem Boden kann sie daran angeschlossene Koppeln öffnen.

Zu dem Haltungsproblem kam hinzu, dass sie dem Fohlen täglich einen Liter Hafer fütterte, was den Energiestau verstärkte. Da das Fohlen noch nicht lange – ein bis zwei Wochen – gewebt hatte, konnten wir zum Glück durch den sofortigen Umzug der Fohlen und das Absetzen des Kraftfutters verhindern, dass das Weben zu einer dauerhaften Verhaltensauffälligkeit wurde.

Generell ist eine artgerechte Haltung für die Sozialisierung eines Jungpferdes sehr wichtig. Haltungsfehler, die in diesem Alter gemacht werden, können nur schwer wieder rückgängig gemacht werden. Möchte man diesen Pferden im späteren Leben eine artgerechte Haltung bieten und sie in eine Herde integrieren, wird dies – wenn überhaupt – nur mit viel Aufwand, Liebe und Geduld möglich sein, weil es für sie und für ihre Herdenmitglieder Stress bedeutet.

Ein weiterer Punkt, der zu Problemen führen kann, ist Bewegungsmangel. Dies ist meist ein Winterproblem: An vielen Ställen können die Koppeln in der kalten Jahreszeit nicht geöffnet werden, da die Koppelfläche nicht ausreicht, um Winterkoppeln anzubieten, die sich über den Sommer wieder erholen können. In den Fohlen und Jungpferden staut sich mehr und mehr Energie an, die ein Ventil sucht.

So kann es passieren, dass Sie selbst ungewollt zum Ventil werden.

Hören Sie auf Ihr Bauchgefühl: Ist das Jungpferd zappelig, nervös, trägt den Hals spannig hoch und springt immer wieder weg, haben Sie gefühlt eine kleine tickende Bombe neben sich, die kurz vor dem Explodieren ist. In dieser Zeit rate ich von größeren Neuerungen ab. Neue Situationen sind meist mit Stress für Ihr Jungpferd verbunden. Diese Kombination aus Angst, Stress und Energiestau kann mit unkontrolliertem Durchgehen enden, was für alle Beteiligten gefährlich ist. Auch die Fütterung kann zu Verhaltensauffälligkeiten führen. Eine einseitige und unausgewogene Fütterung kann Mangelerscheinungen hervorrufen, die wiederum Verhaltensprobleme nach sich ziehen können. Übermäßige Schreckhaftigkeit kann zum Beispiel die Folge eines Mangels im Vitamin-, Spurenelemente- oder Mineralstoffhaushalt sein.

Rangordnungsprobleme

Sie haben das Gefühl, dass Ihr Pferd Ihnen gegenüber respektlos ist? Es läuft Sie einfach um oder benutzt Sie als Kratzbaum? Dies sind Zeichen dafür, dass es Sie als Herdenchef nicht anerkennt. Gerade dominante Jungpferde werden immer wieder testen – sowohl uns Menschen als auch ihre Herdenmitglieder –, ob es nicht doch eine Möglichkeit gibt, in der Rangordnung aufzusteigen. Diesen Versuchen sollte man mit absoluter Konsequenz und Klarheit gegenübertreten. Das bedeutet, klare Grenzen zu setzen, die immer gleich sind und sich nicht verschieben. Zögern Sie aber nicht zu lange, wenn Sie spüren, dass es Entwicklungen in eine ungute Richtung gibt, und holen Sie sich Unterstützung.

Warten Sie nicht, bis es gefährlich wird.
(Foto: Christiane Slawik)

Junge Pferde lernen schnell – nicht nur Positives

Junge Pferde sind sehr aufnahmefähig und neugierig. Dies kann man im positiven Sinn für das Training nutzen. Allerdings sind die Tiere beim Lernen von negativem Verhalten meist genauso schnell. Reißt sich zum Beispiel ein Jungpferd beim gemeinsamen Spaziergang los und läuft allein nach Hause, empfehle ich zu überlegen, wie man sich besser vorbereiten und welche Sicherheitsmaßnahmen man treffen könnte, damit es beim nächsten Mal nicht mehr passiert.

Sicherheitsmaßnahmen können zum Beispiel sein, dass Sie Ihr Pferd zum Auspowern vor dem Spazierengehen frei laufen lassen oder kurz longieren. Alternativ wählen Sie einen heißen Tag, an dem Pferde grundsätzlich matter sind.

Hat es Ihr Pferd erst zwei-, dreimal geschafft, den eigenen Kopf durchzusetzen und sich loszureißen, ist es viel schwieriger, das negative Verhaltensmuster wieder zu löschen. Gehen Sie lieber noch einmal einige Trainingsschritte zurück oder konzentrieren Sie sich auf etwas anderes, bevor Sie erneut einen Versuch starten. Auch hier kann professionelle Unterstützung helfen, weil Sie sich dann sicherer fühlen und selbstbewusster an Ihr Vorhaben herantreten können.

Überforderung und die Hauruck-Methode

Wie jedes Lebewesen lernen auch unsere Pferde ganz individuell: das eine schneller, das andere etwas langsamer. Wichtig ist, dass Sie Ihr Pferd nicht überfordern. Lieber machen Sie zu wenig als zu viel. Im besten Fall haben Sie Ihren Pferdefreund 20 bis 30 Jahre an Ihrer Seite und

müssen daher nichts überstürzen. Wenn es zu Problemen kommt, brechen Sie Ihr Ziel in kleinere Unterziele herunter oder gehen noch einmal einige Trainingsschritte zurück. Eventuell ist Ihr Jungpferd noch nicht so weit wie gedacht. Aufkommende Probleme können ein Zeichen dafür sein, dass eines Ihrer Teilziele noch nicht gut genug sitzt. Tasten Sie sich auf diese Art und Weise noch einmal etwas langsamer an Ihr Ziel heran.

Das ist nicht ganz einfach. Denn gerade in unserer schnelllebigen Zeit soll am besten alles sofort funktionieren. Wenn Ihnen aber daran liegt, dass Ihr Pferd Vertrauen in Sie hat, schließt sich die Hauruck-Methode von selbst aus. Dann sollten Sie es mit Bedacht und Schritt für Schritt auf die jeweiligen Situationen und Aufgaben vorbereiten.

Akzeptieren Sie auch bei allen weiteren Personen, die mit Ihrem Pferd arbeiten, keine Hauruck-Methoden: Seien Sie dabei, wenn Hufbearbeiter, Zahnarzt und Co. zu Besuch kommen. So können Sie daran mitwirken, dass die jeweilige Situation vertrauensfördernd und möglichst entspannt abläuft.

Missverständnisse zwischen Mensch und Pferd

Pferde lesen unsere Körpersprache bis ins kleinste Detail. Überdenken Sie im Fall von Problemen, ob Sie Ihr Pferd unter Umständen missversteht. Manche Pferde werden richtig bockig und genervt, weil sie nicht begreifen, was wir von ihnen wollen. Gehen Sie auch in diesem Fall noch einmal ein paar kleine Teilschritte zurück und probieren es erneut. Kommt es wieder zu der gleichen Situation, sollten Sie einen Experten zurate

Lassen Sie sich Zeit. In der Ruhe liegt die Kraft! (Foto: Christiane Slawik)

ziehen, der Ihnen ein klares Feedback zu Ihrem Problem geben kann.

Aus meiner Erfahrung sind es oft nur Nuancen oder Kleinigkeiten in der Körpersprache des Besitzers, die zu Missverständnissen führen. Sind die Unklarheiten beseitigt, werden Sie sich wundern, wie freudig Ihr Pferd wieder mitmacht.

Körperliche Probleme

Immer wieder höre ich Sätze wie: „Mein Pferd macht Probleme beim Auskratzen des rechten Hinterhufs – aber erst seit einigen Wochen." Dafür gibt es meist zwei Hauptgründe: Entweder Ihr Pferd steckt in einer Wachstumsphase, ist hinten überbaut und kann die Balance noch nicht gut halten, oder es ist zum Beispiel beim Spielen hingefallen und hat tatsächlich Schmerzen. Um sicherzugehen, sollte man einen Fachmann für dieses Gebiet kommen und sein Jungpferd untersuchen lassen. Ist es nur ein Wachstumsschub, sollten die Probleme mit Ende des Schubs auch wieder vorbei sein.

Oft führt eine Ursachenkombination zu dem geänderten Verhalten. Warten Sie im Zweifelsfall nicht zu lange, bis Sie sich Unterstützung suchen. Niemand kann und weiß alles. Sehen Sie vielmehr Ihr Problem als eine Chance, etwas Neues zu lernen.

ZUM
SCHLUSS

Zum Abschluss möchte ich einen Punkt erwähnen, der mir sehr am Herzen liegt: Wenn Sie Ihr Pferd jetzt über zwei bis drei Jahre mit viel Liebe und Herzblut groß gezogen und ausgebildet haben, suchen Sie bitte mit größter Sorgfalt einen Ausbilder für das Anreiten. Nehmen Sie nur einen Trainer, dem Sie wirklich vertrauen, der im individuellen Tempo Ihres Pferdes vorangeht, ohne einem fixen Zeitplan zu folgen, und der ohne Druck und Gewalt arbeitet. Ihr Pferd wird es Ihnen sehr danken!

Herzlichen Dank

Ohne das Zutun einiger tatkräftiger Unterstützer wäre dieses Buch nicht möglich gewesen. Daher möchte ich mich ausdrücklich bedanken bei:

- meiner geschätzten Trainerkollegin Karin Tillisch
- Simone Ochsenkühn, die den Stein ins Rollen gebracht hat
- Katrin Hagen und Natalie Wilk, die mit mir kritisch meine Ideen diskutiert haben
- der Fotografin Claudia Rahlmeier, die es mit sehr schönen Fotos geschafft hat, meine Ideen zu veranschaulichen
- allen zwei- und vierbeinigen Models, besonders erwähnt sei dabei Jasmin Schön

Register

GUTER RAT FÜR ACHTSAME PFERDEFREUNDE

Ute Lehmann

REITEN **OHNE** GEBISS
Die große Freiheit?

Ist gebisslos Reiten die pferdefreundliche Alternative? Wie mache ich es richtig, was muss beachtet werden? Leichtverständliche Anleitungen zur optimalen Vorbereitung zum Umstellen von Gebiss auf gebisslos machen Mut, es selber mal auszuprobieren. Mit Freundlichkeit, Verständnis und Geduld können dem Pferd die neuen Signale erklärt werden. Und die gute Nachricht: Teure Spezialausrüstung ist hierzu keine Voraussetzung! (Siehe auch Natural Horse 3-2014)

ISBN 978-3-95847-005-7
96 Seiten, Klappenbroschur, 16,90 €
Erscheint im März 2015

Anke Rüsbüldt

ERSTE **HILFE** AM PFERD
Notfälle beherrschen und vermeiden

Für den Notfall gerüstet Wann und wie kann ich selbst helfen? Wie den Tierarzt unterstützen? Wie Gefahren vermeiden? Dieser praktische Ratgeber bereitet darauf vor, auch im Ernstfall die Ruhe zu bewahren. Die präzisen, kompakten Beschreibungen und Anleitungen helfen, die Situation richtig einzuschätzen und auch unter Druck sinnvoll zu handeln. Daher ist dieses Buch für jeden Pferdemenschen ein Muss! Doch die beste Hilfe ist es, dem Notfall vorzubeugen, in dem man die Gefahren rechtzeitig erkennt und beseitigt.

ISBN 978-3-95847-004-0
96 Seiten, Klappenbroschur, 16,90 €
Erscheint im März 2015

Jetzt bestellen unter www.crystal-verlag.com

 **C**RYSTAL

Crystal Verlag GmbH · Friedrichsruher Weg 33 · D-21464 Wentorf
Tel 040/71001568 · Fax 040/73091593